给你的猫一个家

猫のための家づくり

〔日〕株式会社无限知识 著　X-Knowledge

廖雯雯 译

前 言

为什么大家都想要一个"让猫咪感到舒适的住宅"？

最近，可谓掀起了史无前例的养猫热潮，日本全国范围内猫的实际饲养数量约达990万只。虽说自2010年以后，这个数字几乎没有出现太大变动，然而家猫的实际生活方式却发生了不小的改变。从前，大部分猫咪喜欢白天在室外玩耍，到进食或睡觉时间才会回家（有时也在邻居家饱餐一顿），这种方式被称为"半室外饲养"。不过，如今为了避免猫咪遭遇交通事故，防止它们惹上传染病，圈内人士开始推荐大家尝试"全室内饲养计划"。

猫咪尤其看重"环境的舒适度"，因此，假如它们一整天都待在室内，我们必须好好规划自家的布局，为自家喵星人提供运动场所和放松的空间。可是，不充分了解猫咪的生活方式，以及适合它们的各种规格尺寸，就无法打造让它们满意的住宅。

　　猫咪感到"压力山大"时，通常会在地板或墙壁上磨爪，或是制造各种突发状况，搞得人措手不及，以至于主人的居家环境也随之出现问题。本着"猫咪优先"主义的住宅打造理念，提升喵星人与主人的共同生活满意度，将会成为越来越多饲养猫咪人士的目标。

　　那么，何谓"让猫咪感到舒适的住宅"呢？可惜我们无法从喵星人那里问出答案。本书为了解答这一问题，不仅采纳了动物行动学家以及专业设计师的真知灼见，介绍了在饲养猫咪方面非常有必要了解的住宅设计的知识与事前准备工作，还对猫咪的习性和生活方式等方方面面进行了讲解，力求为大家带来些许启发。当我们熟知了猫咪的心情、习性等，要实现喵星人与主人的幸福同居生活，就会变得轻而易举啦。

067	063	049	041	037	084	080	076	072	068	064	060	056	050

门与窗 提升猫咪满足感的关键是窗户

门窗周边 猫咪,这些你都不能碰!转移猫咪对危险品的注意力

电器① 一定要注意插座和电线

电器② 把家用电器安放在猫咪的活动路线之外

室内环境 从改善空气开始,营造舒适的空间

地面 主人选中的地板材料,我也喜欢

墙壁 再也不怕猫咪留下爪印咯

门 猫咪是万能的开锁星人

隔音 让屋内的声音出不去,屋外的声音进不来

[专栏] 主人需要了解的猫咪传染病

[专栏] 猫咪用餐与猫粮

[专栏] 即便不愿去想,不过,万一发生时……

[专栏] 活用物联网技术,让猫咪拥有自己的安心生活

[专栏] 为猫咪拍照或摄像时要注意这些

目录

Part 1 如何构筑猫与人共同的温馨生活

- 002 前言
- 010 基础设计 怎样更好地管住你的猫?
- 014 空间分配 以「全室内饲养」为目标
- 020 玄关 不能让猫咪对外面的世界产生兴趣
- 024 客厅 就是爱看你尽情磨爪的样子
- 030 猫餐厅 改善猫咪的用餐环境,维护猫咪健康
- 034 厨房 如何应对猫咪的恶作剧
- 038 书房和卧室 让猫和主人一起静下心来吧
- 042 室内水源 让猫咪远离意想不到的潜在危险
- 046 阳台 如何为猫咪创造一个安全的阳台

Part 3 你必须了解的猫咪百科

- 138 神奇的身体 猫咪神奇的身体
- 146 身体素质 猫咪超常的身体素质
- 150 生活节奏 不可打乱猫咪的生活节奏
- 154 猫的一生 喵星人的一生也分为很多阶段
- 158 猫的种类 明明都是猫,为什么体形和性格差这么多?
- 166 猫的属性值 你知道猫咪的各项属性值都是多少吗?
- 172 喜欢的地方 猫咪喜欢的地方和讨厌的地方
- 176 危险品 对猫咪有害的食物和植物
- 180 胖猫和老猫 猫咪发福或衰老了该怎么办?
- 184 猫咪用品 对猫咪来说,这些都是必不可少的!
- 149 【专栏】公猫与母猫的区别当然不只是性别

- 188 执笔者
- 190 主要执笔者・监制
- 191 设计・照片提供者

* 如无特殊说明,本书图示中长度单位均为毫米。

Part 2 营造一个让猫咪快乐且安心的生活空间

088 猫咪走廊① 喵星人驾到！安全与安心是前提
094 猫咪走廊② 想与我的猫咪更加亲密无间
102 猫咪走廊③ 不仅要方便，还要好玩！
112 猫咪走廊④ 喂养多只喵星人一点都不难
116 同时饲养猫和狗 同时饲养喵星人与汪星人需要注意什么？
120 猫窝 让猫咪安心入睡的诀窍
128 猫厕所① 主人，我喜欢这样的厕所！
132 猫厕所② 如何才能达到猫咪需要的安心与舒适程度呢？
127 [专栏] 从睡姿了解猫咪的放松度和体感温度
136 [专栏] 种类繁多的猫砂

Part 1
如何构筑猫与人共同的温馨生活

> 基础设计

怎样更好地管住你的猫？

要让猫咪乖乖听话，难度系数并不小，我们需要吃透它们的习性，在空间分配和收纳整理上巧花心思，营造易于饲养猫咪的居家生活氛围。

倘若清晰明确地划分出喵星人的活动区域，即便是猫咪也很容易理解，原来前方禁止入内呢。

面对突发状况，临时抱佛脚般对猫咪进行训斥管教，永远没法让它们理解何谓"遵守规则"。

无论什么时候，要让猫咪明白哪些行为是大忌，重要的其实是主人将指示贯彻到底。指示不统一，猫咪就分不清家里的规矩。比如，我们可以尝试用门划分空间，采取猫咪也能分辨的方式，清楚表明"允许猫咪进入"和"不对猫咪开放"的界限。如此一来，不仅按照不同的作用准确划分出了空间，还能在适当的时机对喵星人明确地下达指示。

Part 1　如何构筑猫与人共同的温馨生活 ………… 011

简明易懂地规划猫咪的活动区域

基础设计

和猫咪一起生活时，主人需要考虑的是家里哪些地方允许猫咪进入，哪些地方不对猫咪开放。现代人养猫，会根据主人的生活方式、猫咪的兴趣所在，以及这些兴趣会不会对猫咪造成伤害等许多要素来综合考量，再进一步确定猫咪的活动区域。因此，专门设置几道房门，划分猫咪的活动范围，做好空间布局是很重要的。

尽管能和主人面对面交流的开放式厨房广受欢迎，不过考虑到猫咪的安全问题，还是选择封闭式的传统厨房吧。

首先确定猫咪的生活空间，然后再考虑如何划分它与其余空间的界限，以此决定房间的布局。

俯视图 比例=1∶200

▨ 猫咪的生活范围

通往玄关的地方要加设一道门，最好是能上锁的那种，可以提升安全系数，主人也会更加放心。如果没有门锁，就要确保这道门与玄关处的大门仍有一段距离，以防猫咪一打开这道门就能马上蹿到屋外。

不想制造压迫感的话就选择格子门吧

如果担心视线受阻，可以选择玻璃门。要确保通风良好，不妨试试格子门。只要结合不同位置与使用场景灵活选择，就不会对主人的通行造成影响。如图所示的格子门，由于缝隙较小，猫咪无法直接穿过，但通风良好，而且也不阻碍视线，即便设置在狭窄的房间里，也能减少视觉上的压迫感。

打造供猫咪磨爪磨牙的据点

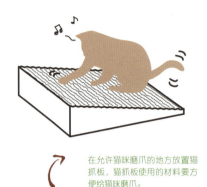

在允许猫咪磨爪的地方放置猫抓板，猫抓板使用的材料要方便给猫咪磨爪。

猫咪通常会在墙上纵向磨爪。一旦发现某处墙壁易于抓挠，就会养成在那里磨爪的习惯。另外，如果家具、地板、墙壁等使用的材料质感与猫抓板和磨牙玩具相似，猫咪就以为它们具有相同的功用，从而把这些地方当作磨爪磨牙的据点。为此，要尽量避免使用凹凸有致的粗糙壁纸以及容易留下爪痕的柔软材料。

给猫咪分组划分专用空间

分组方法

假如同时饲养了三只以上的猫咪，就可以考虑将猫咪分组。一般是将从小就一起生活的猫咪们分在同一组，将其他猫咪分到另一组。分好组后，即使喵星人们能够和平共处，也必须一一划分每一组的活动空间。

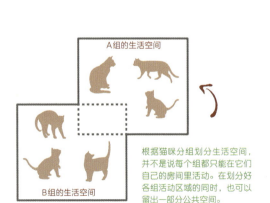

根据猫咪分组划分生活空间，并不是说每个组都只能在它们自己的房间里活动。在划分好各组活动区域的同时，也可以留出一部分公共空间。

为了减轻猫咪的压力，可以根据猫咪分组来划分它们的生活空间

相比狗狗来说，猫咪具有更高的领地意识。当嗅到其他猫咪的气味、听到它们的声音，猫咪都会压力倍增，继而通过磨爪、喷洒尿液等不良行为发泄压力。因此，假如家里饲养了多只猫咪，我们最好根据猫咪分组来划分它们的生活空间，确保猫咪各自拥有适当的活动区域，减少猫咪的不良行为。

Part 1　如何构筑猫与人共同的温馨生活··········013

收纳整理巧花心思，解决猫咪恶作剧

基础设计

我们很难一一让猫咪明白，家里的哪些东西是它们不能触碰的。只有将这些东西放在猫咪触碰不到的地方，才能解决根本问题。如电视机遥控器和抽纸这类使用频繁的物件，最好收在猫咪看不见的地方。

猫咪原本就喜欢纸类制品。尤其是这种可以源源不断抽出来的纸巾，简直能够激发猫咪的狩猎本能，而纸巾盒还会被它们视为恰好合适的玩具。

如果把遥控器放在猫咪触手可及的地方，可能引发误操作。家中无人时，猫咪擅自触碰空调的遥控器，还会导致室温骤变，引发危险情况。

运用易于取放的收纳方式，缓解猫咪的压力

猫咪不能触碰的物件中，有不少是我们在日常生活中频繁使用的，因此可以"随时收起、随时取用"的收纳方式显得很有必要。比如，在开放式收纳架上设计一层和抽纸盒一样高的空间，然后将抽纸盒收纳在这里，就既能保证猫咪抽不到纸巾，又能使主人方便取用。又如，将垃圾箱简单设计为抽屉式的，就可以减少很多麻烦了。

壁柜既可以作为猫咪踏板，也可以用作收纳。柜子中放入垃圾箱和抽纸等经常使用的物件，由于拿取毫不费力，人也不会感到不便。但是必须好好设计，不能让猫咪钻进柜子里，或擅自打开柜子。

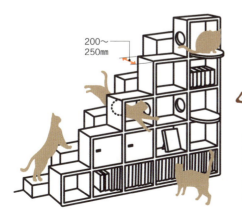

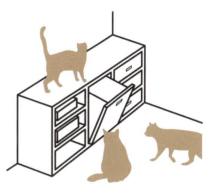

把收纳隔层的深度控制在200~250mm以内，比较容易取放物件。运用易于取放的收纳方式，有助于我们养成用完即收的习惯。若是兼作猫咪踏板，需要在柜子的某些部分设门，表明哪些地方是猫咪不能触碰的收纳区，哪些地方是它们可以自由来去、随时休息的区域。

空间分配

足不出户的猫咪，更需要悠闲健康的生活环境，如此一来，即便仅仅窝在家里，猫咪也会感到心情愉快。

以「全室内饲养」为目标

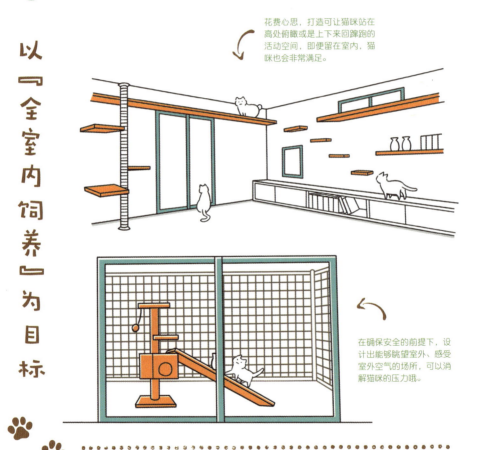

花费心思，打造可让猫咪站在高处俯瞰或是上下来回蹿跑的活动空间，即便留在室内，猫咪也会非常满足。

在确保安全的前提下，设计出能够眺望室外、感受室外空气的场所，可以消解猫咪的压力哦。

如果打算饲养猫咪，那么我们推荐不让猫咪自由外出的"全室内饲养计划"，以便降低猫咪感染疾病、因舔舐农药导致药物中毒，以及遭遇交通事故等风险，保护猫咪的日常安全。话虽如此，猫咪终究不是生活在二次元世界的动物，为了防止它们运动不足或身体肥胖，消除精神压力，我们需要下功夫规划一番，以便猫咪立体地使用室内空间，进行各种运动。

Part 1　如何构筑猫与人共同的温馨生活 •••••••••••••••• 015

打造可让猫咪站在高处俯瞰的场所

空间分配

错层区域活用术

巧妙利用房屋错层区域，打造猫咪走廊，在二楼的墙上或围栏贴近地板的位置开孔，以便猫咪从中俯瞰楼下。错层区下便是客厅，主人频繁变化的动作和生活状态，猫咪能从孔洞中一览无余，既能享受"偷窥"的乐趣，又不会感觉腻烦。为了防止猫咪从孔洞中跃出，孔洞直径最好不超过160mm。

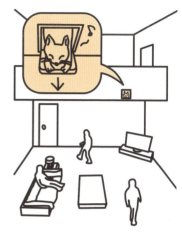

安全设置猫咪踏板

在享受周遭环境带来的乐趣的同时，猫咪一旦感觉畏惧，就想蹿到高处躲起来。为此，我们打造错层区时，还应设计供猫咪安全上下的猫咪踏板。需要注意的是，猫咪踏板应尽量设在我们能够得到的地方，以便及时清扫。有时猫咪也会因为身体不适躲藏起来，倘若踏板设得太高，主人是没法把它们抱下来的哟。

让室内景色有所变化，猫咪就会乐在其中

假如室内景色平淡无奇，哪怕使用猫爬架，让猫咪立体地利用室内空间，它们也依旧会感觉兴味索然。而换作螺旋式楼梯，不带扶手壁和楼梯竖板（扶梯上下踏级间的竖板），不仅视野良好，随着高度上升，景色也会随之一变，猫咪就会乐在其中。如果要在客厅里安装楼梯，建议考虑一下这种做法。

不带扶手壁和楼梯竖板的螺旋式楼梯，方便猫咪从高处俯瞰楼下。说不定它们一心动就把这里当窝了呢。

如果有中庭，猫咪就可以安全地呼吸室外空气了

可供猫咪自由出入的庭院

若是附有口字形中庭的住宅，则不必担心猫咪逃出室外，大可安心地让猫咪在这里呼吸室外空气。这种样式的住宅，房间窗户一律朝向中庭设计，打开窗户后，猫咪可以自由出入中庭。推荐养猫人士选择该房型的住宅，一方面确保隐私不外泄，另一方面也能欣赏庭院之趣。

将厨房设在角落位置可以避免猫咪进入，让它们远离水源，同时还能将猫咪的活动范围限定在住宅中心区域，不至于完全离开我们的视线。

猫咪可以在中庭安全地呼吸室外空气。设计一些朝向中庭而开的门窗，这样即便是下雨天，猫咪也能沿着门窗，在室内欢快地奔走。

俯视图 比例＝1∶250

注意檐廊下的缝隙

为了防止猫咪在中庭染上疾病，要尽量将它们的活动区域限制在檐廊、地面铺了砖的区域和绿植景观区之间，避免它们与基层土壤直接接触。由于檐廊下的缝隙是猫咪绝好的藏身之所，一旦它们钻进去，人只用手是很难够到的，所以建议在檐廊下围上栅栏，避免猫咪钻入其中。

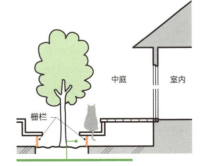

围上栅栏，防止猫咪钻入檐廊下

上图：猫咪有时会站在背向中庭、面向街道的窗棂上，为了方便它们眺望街上的行人，可以活用横梁，设置猫咪走廊。

下图：客厅的墙上设有猫咪踏板，即便你的房子只有一层，猫咪也能尽情地上蹿下跳。

打造安全的半室外空间，让猫咪悠闲地生活

有的主人大概会想，即便是进行"全室内饲养"，也希望猫咪能在一定程度上呼吸到室外的空气。不过，主人也会担心它们从露台或檐廊上摔落。下面的住宅设计，运用格子门隔开了外部的晾衣间和露台，保证住宅内部与外部之间拥有一部分"半室外"空间，这个空间可被用作晾衣间，兼作猫咪的玩耍之地。只要给格子门上锁，即便主人外出，也可以打开卧室与晾衣间之间的小窗户。不仅防盗，还能让猫咪安全地呼吸室外空气。

连接着露台和卧室的晾衣间。室外空气由格子门涌入，阳光从天窗泻下，是非常靠谱的半室外空间。

俯视图 比例=1∶200

猫咪可以从晾衣间里，透过玻璃窗俯瞰楼下的客厅。客厅上方的天窗是打不开的死窗，既能看到室外空间，又能确保猫咪的安全。

左图：隔开晾衣间和露台的格子门。上锁后猫咪无法自己打开，能在保证安全的同时确保室内通风。

右图：露台上部的屋檐向外伸出900mm，这样就不用担心雨水飘入晾衣间，而猫咪在下雨天也能浑身干爽地感受室外空气。

有了日光室，主人外出时猫咪也能享受安心舒适的时光

空间分配

一旦主人不在家，猫咪就会无法无天地讴歌好不容易得来的自由，这样往往令主人非常担心，不知道它们会做出怎样惊人的行为。然而强行把猫咪关进猫笼等狭窄的空间，又会给它们制造精神压力。在这种情况下，确保猫咪拥有一定范围的活动空间是比较好的做法。这里推荐将日光室作为猫咪自由玩耍的场所。在日光室和客厅、餐厅、厨房之间设置推拉门或格子门，根据情况灵活使用，即便主人不在家，冷气或暖气也能顺利地输送到日光室。

在日光室内设有猫厕所和清扫用排水口

设有水龙头，以便家中无人时，猫咪也能饮用新鲜水。平时可以不用关紧，让它一直保持有少量的水流。

设置供猫咪磨爪的猫柱

俯视图 比例=1:120

打开客厅的推拉门，能将客厅与日光室连为整体加以运用。日光室的地板材料建议选择瓷砖，以免猫咪磨爪弄伤自己。由于日光室面向檐廊露台，所以猫咪即便只在日光室内活动，也能眺望室外，不会感到无聊。

在格子门下部装一个锁，防止猫咪自行开门。大部分格子门比推拉门要轻，猫咪很容易打开，如果不希望发生这种情况，可以事先设锁。

玄关

不能让猫咪对外面的世界产生兴趣

有时，猫咪不经意蹿到室外，
会大受惊吓，逃得无影无踪。
为了避免这种情况，我们必须拿出相应的对策。

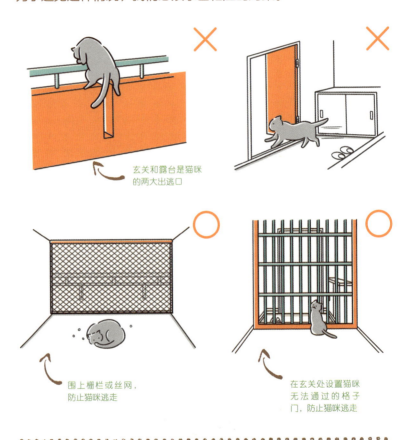

玄关和露台是猫咪的两大出逃口

围上栅栏或丝网，防止猫咪逃走

在玄关处设置猫咪无法通过的格子门，防止猫咪逃走

交通事故、与流浪猫的接触等，都会导致猫咪受伤或生病。于猫咪而言，外部世界充满太多潜在的危险，然而，一旦知晓了外部世界，猫咪就非常向往"离家出走"，倘若困在室内，它们会积累精神压力。为此，我们不得不坚持执行"全室内饲养计划"。为了不让猫咪蹿到室外，需要在空间分配方面花费心思，栅栏设置等防止出逃策略也必不可少。记住，千万不要让猫咪憧憬外部世界，这一点非常重要哦。

Part 1　如何构筑猫与人共同的温馨生活　••••••••••021

玄关

通过门来划分玄关与猫咪的生活空间

猫咪有两大出逃口——玄关和露台。即便它们在主人面前表现出对外界毫无兴趣的模样，主人也不能大意，注意给露台围上丝网，紧闭入户门，想尽办法不让猫咪踏足玄关。在走廊和玄关之间设一道玄关门，就不用担心猫咪在入户门打开的瞬间飞奔而出了。

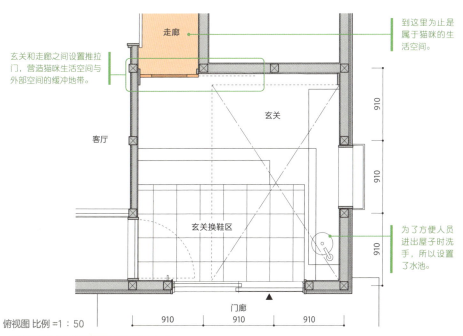

- 到这里为止是属于猫咪的生活空间。
- 玄关和走廊之间设置推拉门，营造猫咪生活空间与外部空间的缓冲地带。
- 为了方便人员进出屋子时洗手，所以设置了水池。

俯视图 比例=1∶50

推荐在玄关设置玻璃门

在玄关设计上巧花心思，大可不必担心猫咪跟在主人身后悄悄出逃。设计成透明玻璃门，还能在开门前，确认猫咪是否躲在门内。

不要将外出时沾染的气味带入家中

巧设空间，隔离异味

猫咪具备很高的领地意识，对气味也异常敏感。主人外出归来时带回的气味，对猫咪而言，既可能形成良性刺激，也可能造成精神压力。建议采取一些措施，比如在入户门前设置鞋垫，在玄关处摆放一台空气净化器等，来确保家中有一块空间可以用来隔离、去除外界气味。另外，在玄关以内允许猫咪进入的地方，最好设置可用作领地标记的大猫抓板。

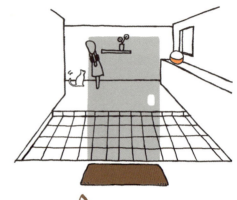

 主人外出归来，猫咪通常会撒娇地蹭上去，用自己的气味表示：你也是属于本猫的。

让你的玄关收纳丰富多彩

建议在玄关处放置抗菌效果佳的除菌剂、衣服刷子，以便到家时立即使用，去除沾染在衣服上的气味。另外，我们可以准备一个外套专用衣橱，放在玄关处，在这里穿脱外套，让玄关的收纳功能变得更加丰富。

打造一体式的玄关、收纳和卫生间

在不允许猫咪进入的玄关一侧，打通玄关收纳区与卫生间之间的通道，外出归来之际，就能直接在玄关的衣物收纳柜前脱掉外衣，而后进入卫生间洗手甚至淋浴，之后一身清爽地进入客厅、餐厅、厨房等猫咪所在的场所。

Part 1　如何构筑猫与人共同的温馨生活　　023

巧妙利用门来规划猫咪生活空间

玄关

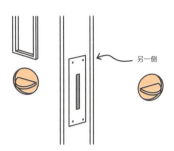

另一侧

安装主人可以轻松开关的简易门锁

有些猫咪非常聪明，如果门窗没有上锁，它们可以轻松打开，因此，倘若我们在玄关处和走廊之间设置的门没办法上锁，可以说几乎起不了什么作用。不妨试试安装内外两侧都能打开并锁上的门锁。

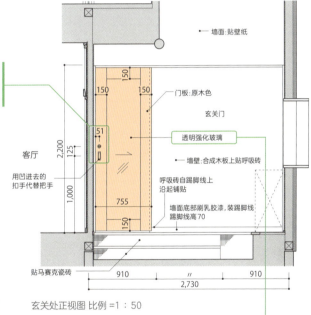

安装两面都能打开的门锁，防止猫咪擅自开门。这种门锁操作简单，主人进出也很方便。

客厅

用凹进去的扣手代替把手

墙面:贴壁纸

门板:原木色

玄关门

透明强化玻璃

墙壁:合成木板上贴呼吸砖

呼吸砖自踢脚线上沿起铺贴

墙面底部刷乳胶漆，装踢脚线 踢脚线高70

贴马赛克瓷砖

玄关处正视图 比例=1:50

如果这里想设置玻璃门，考虑到普通玻璃易碎的弊病，推荐使用强化玻璃。

左图的案例中，推拉门的门框不是仅仅围在门边，而是整体围住了推拉门所在的那一面墙，门框范围内的墙面用不同于其他墙面的灰色装饰，视觉效果既清爽又张弛有度。

客厅

就是爱看你尽情磨爪的样子

要完全防止猫咪磨爪是不可能的。我们可以在猫咪喜欢的位置，设计它们中意的磨爪器，尽量把它们引导到正确的地方去磨爪。

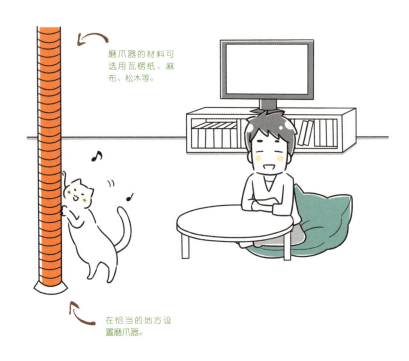

磨爪器的材料可选用瓦楞纸、麻布、松木等。

在恰当的地方设置磨爪器。

或许所有的主人都不愿意看到猫咪在客厅里大肆磨爪，弄得客厅伤痕累累吧，可是要让猫咪停止磨爪，几乎是天方夜谭。毕竟通过磨爪，猫咪不仅可以磨掉老化的猫爪外层，刺激爪子，改善心情，还能充分宣示自己的主权领域。因此，引导它们在特定场所磨爪才是有效策略。在恰当的地方设置磨爪器，为猫咪打造出舒适的磨爪地盘，就再也不怕猫咪挠伤家中别的地方啦。

Part 1　如何构筑猫与人共同的温馨生活 ・・・・・・・・025

哪里才是猫咪喜欢的磨爪场所呢?

客厅

房间出入口处留下的猫咪爪痕

房间的出入口是猫咪钟爱的磨爪地点

猫咪的领地意识很高,当外部气味或声音等可疑之物侵入时,它们会备感压力,继而开始磨爪。房间的出入口等空间与空间的交界处常会成为猫咪们的第一选择。为此,建议在出入口附近或房间内容易引起猫咪注意的地方设置磨爪器。如果放置的磨爪器没能引起猫咪的注意,它们就可能在门框等难以修缮的东西上磨爪。

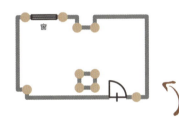

墙面转角较多的房间内,每个转角都有可能变成猫咪的磨爪点。将凹凸的墙面加厚整平,减少死角是必要的对策。

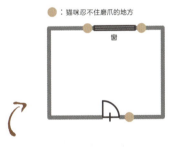

●:猫咪忍不住磨爪的地方

为了宣示自己的主权领域,猫咪喜欢在房间门窗附近磨爪。在简单的平面形空间内,猫咪只能在门窗附近磨爪。所以,在这些地方专门设置磨爪柱或大号磨爪板是很有必要的。

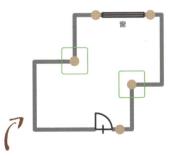

墙壁凸出的阳角是猫咪绝好的磨爪据点。我们不妨反过来利用猫咪的这种喜好,把磨爪器设在这里,放得尽量醒目,这样就不怕猫咪挠伤家里别的地方了。

在显眼的地方设置磨爪器

根据猫咪的尺寸选择合适的磨爪柱

市面上贩售的磨爪器通常小而轻,缺乏稳定性,使用起来不大让人满意。而猫咪为了让自己看上去强壮有气势,会伸长身子,到高处去磨爪,这是它们的习惯。为此,建议选用结实高大的磨爪柱。

安装方式也是多种多样。还可以与猫咪走廊组合起来,在上部安装电灯照明,或是与装饰墙相结合,作为室内装饰的一部分。

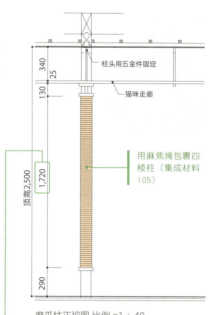

磨爪柱正视图 比例=1:40

如果选用粗细度为8mm的麻焦绳,包裹1m四棱柱约需53m。这种绳子市面上一般以200m为单位贩售,如果要包裹两根磨爪柱,可按柱高1.7m来计算。

建议设在出入口和猫窝附近

在房间出入口和醒目的角落等空间交界处设置磨爪柱,便于猫咪使用。大部分猫咪一觉醒来也会开始磨爪。不妨把磨爪柱设在猫窝附近等容易被它们发现的地方。如左图所示,设置了四根磨爪柱,这样能把猫咪的注意力从客厅或餐厅里的沙发转移到柱子上。

在客厅、餐厅的楼梯间部分设置磨爪柱,并排设置两根,还能起到空间装饰的作用。

选择磨爪器的材料也有讲究

猫咪喜欢容易抓挠的材料

容易抓挠的瓦楞纸、麻布、麻绳、棉绳、地毯深受猫咪欢迎。如果使用木材制成的猫抓板，建议选择猫咪喜爱的桐木、橄榄木、松木等质地柔软的木材。要点之一是，花色最好与室内家具的花纹、墙面装饰有所区别。为了讨猫咪欢心，不妨在磨爪器上撒一些木天蓼粉末（不过有的猫咪不喜欢木天蓼）。另外，可以轻轻抓住猫咪的前腿，让它探出爪子，在磨爪器上拍一拍，告诉它："这里是你磨爪的地方哦。"注意不要强迫猫咪这么做，否则会招来反效果。

麻布

瓦楞纸

松木

地毯

为猫咪寻找它中意的磨爪器吧

磨爪器主要有三种外形，有"地板放置型"（箱型）、圆柱上缠绕着麻绳的"圆柱型"、可以贴在墙角的"转角型"。通常根据猫咪的偏好，选择适当的形状和材料就行。磨爪器的大小要适当，可供猫咪整个儿趴在上面（猫咪体宽的两倍、约200mm以上）。注意固定好磨爪器，以免猫咪用力抓挠时，磨爪器也随之移位。

布制品或是紧贴墙壁的磨爪器，要在猫抓板上缠好布料再安装，布料末端用胶带或钉子固定，既不容易松开又方便缠绕。

有的猫咪喜欢逗弄放在地板上的磨爪器，选择带有些许坡度的款式，猫咪会更中意的。

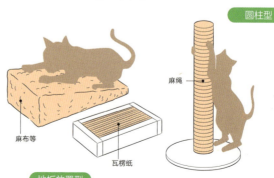

如果可以接受墙上留下猫咪爪痕的话,也可以选择利用老旧木材打造墙壁,这种材质上的爪痕并不显眼,不仅可以让猫咪有整面墙用来磨爪,还能起到良好的装饰作用。

猫餐厅

改善猫咪的用餐环境，维护猫咪健康

将猫咪的用餐空间设置在一眼能够看到的地方，这样，猫咪吃下多少猫粮、喝了多少水都一目了然，方便主人对猫咪实施健康管理。

让猫咪在主人可视范围内进食

在猫咪容易看见的地方摆放饮水器皿

无论猫咪和主人是否在同一个空间内用餐，最重要的是，主人对猫咪的进食量能有较为准确的把握。猫咪不能饮水过量，但完全不让它们喝水，也会给它们的肾脏造成负担。在猫咪容易看见的地方摆放饮水盘等，可以增加猫咪饮水的次数，也是较为健康的做法。由于猫咪可能打翻盘子，把水洒得到处都是，所以需要在摆放饮水盘的地方做好防水措施，以便日后打扫更加轻松。

猫餐厅

家里的饮水处也有讲究

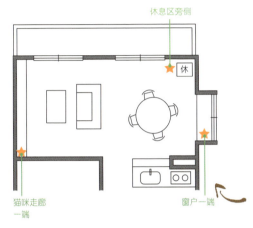

休息区旁侧

猫咪走廊一端

窗户一端

分散设置几个饮水处

猫咪的祖先最早生活在沙漠里,因此有的猫咪几乎不怎么需要饮水。然而,必须注意的是,完全不摄入水分,会给猫咪的肾脏造成负担。家中的饮水处最好分散设置两到三个,配合猫咪的心情和身体状况,让它们在中意的地方喝水,效果会更好哦。

在客厅或餐厅里猫咪喜欢逗留的地方设置饮水处。避开让猫咪不安的场所。

饮水处要设置在干净清洁的地方

虽说饮水处应当尽可能地分散设置,但有一个地方是不能放饮水器皿的,那就是猫厕所的旁边。即便猫咪本身很喜欢卫生间,但对它们自己厕所旁边的水源却会产生嫌弃之情。因此,猫咪饮水处最好设在离猫厕所稍远的地方。

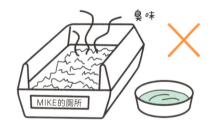

臭味
MIKE的厕所

素材提供:Anicom Holdings

在猫咪视线容易停留的地方设置饮水处,它们就会乖乖喝水了

想要猫咪喝水,重要的一步是先让它们发现水的存在。为此,可以将饮水处设在猫咪走廊或猫咪踏板的中间、顶端,以及猫咪得以放松的视线可及之处。

把饮水处设在主人容易管理的地方

虽说要把饮水处设在猫咪喜欢的地方，但如果位置太高，如猫咪走廊顶部等主人视线所不及之处，就很难掌握猫咪的饮水量，也有可能连续几日忘记换水，反而造成不卫生的饮水问题。为此，最好设在主人容易看见，易于换水、装水的地方。

设在洗手台上

从室内设计角度来看，饮水处的高度距离地板80~90cm最合适，也最受猫咪欢迎。洗手台比地板易于打理，不怕猫咪将食物或水弄得到处都是，主人还能清楚地观察猫咪的进食状况。

倘若饮水器附有排水口（位于洗脸槽上部的余水排出孔），建议不要拧紧水龙头，适当放出新鲜自来水（点滴程度）供猫咪饮用也不错。有的水龙头只能通过改变手柄的上下位置放水关水，不太便于调节水量，建议选用手动旋转式水龙头，可以精准控制水量。

易于清扫的地板

如果在地板上直接设置猫咪的用餐空间，建议选择易于清扫、抗污性强的材料。这里推荐在厨房和餐厅之间为猫咪打造一处用餐空间。配合厨房，在地面铺设大块瓷砖，能随时保持清洁的状态。

猫餐厅和猫厕所可以上下搭配

前文说到猫咪的饮水处和猫厕所不能离得太近,其实采用上下分层的方式就可以解决这个问题。比如下部是猫厕所,中间是猫餐厅,而上端是吊柜。不仅能有效利用室内空间,还可以让猫咪在同一个地方进食和排泄,方便又省力。不过位置选得不好的话,猫咪是不屑一顾的,可能会导致猫餐厅和猫厕所的利用率全都降低。因此,假如室内面积较为宽敞,还是推荐平面式搭配。

台面可以开一个洞,供猫咪钻上钻下。台面建议使用合成树脂材质,这样在开洞时更方便切割,洞的边角也能处理得更为光滑美观。

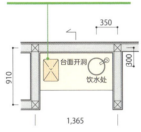

俯视图(上层) 比例 = 1:60

宽度为1,365mm的紧凑型猫餐厅,可供2~3只猫咪使用。不管宽度为多少,设计方式都是一样的。

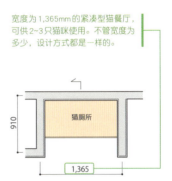

俯视图(下层) 比例 = 1:60

由于顶板容易濡湿,置之不理的话,长期下来容易浸湿整体。这部分建议选用防水性和耐水性均较强的人造大理石或合成树脂,避免使用集成材料和柚木原板。

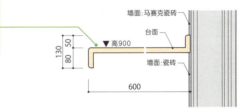

猫餐厅的尺寸标准约为:
平均每只猫 $0.4m^2$。

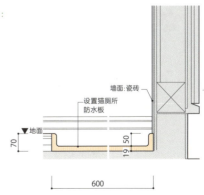

剖面图 比例 =1:15

猫餐厅

厨房

厨房里的水和食物最易勾起猫咪的兴趣。有些东西会给猫咪带来危险，因此，需要彻底收纳在猫咪看不见、够不着的地方。

如何应对猫咪的恶作剧

如果猫咪的恶作剧实在令人困扰，不妨选择橱柜式收纳用具。

有些食物会给猫咪带来危险（参考本书第177页），因此，垃圾箱最好也选择收纳式。

厨房可谓猫咪的乐园，时而跳上操作台，时而目不转睛地观察主人的动作或是摆放的各种调味料、餐具。这种时候，它们安安静静、不搞恶作剧也就罢了，一旦闹腾起来，烧伤尾巴，或是吃下危险的食物简直大事不妙。为了防止此类事故发生，只能靠主人多加小心，让猫咪远离危险，不要淘气了。

巧妙布置厨房，不让猫咪靠近

厨房

在很多猫咪眼里，厨房实在是个有趣的地方。主人很难利用管教的方式，让它们远离厨房，因此，如何让猫咪不靠近、不想靠近厨房便显得越发重要。

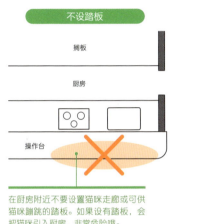

不设踏板

在厨房附近不要设置猫咪走廊或可供猫咪蹦跳的踏板。如果设有踏板，会把猫咪引入厨房，非常危险哦。

消除封闭式厨房里的缝隙

如果希望猫咪绝不靠近，不妨打造封闭式厨房，猫咪对此可是没什么兴趣的呢。

在某处设置玻璃窗，哪怕是封闭式厨房，也能告诉猫咪，"主人就在里面哦"。

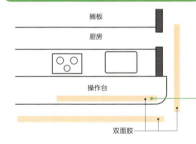

用胶带让猫咪谨记"这里是我讨厌的地方"

在不希望猫咪进入的地方，暂时贴上双面胶，让猫咪意识到"这里会让双脚黏糊糊的，真不舒服"，它们自然会敬而远之。

是选择燃气灶还是IH（电磁炉）

燃气灶和电磁炉其实各有利弊。用燃气灶的话，猫咪可能会对炉火大感兴趣；而使用电磁炉，对高温迟钝的猫咪则可能趴在上面，引起烫伤。猫咪对高温有多迟钝呢？大致说来，只有皮肤裸露的鼻头和脚掌肉球部分对温度较为敏感，而覆盖着猫毛的其他部位则较迟钝。人的话，一般温度达到44℃，就会感觉"好烫"，而猫咪则要等到51℃以上才会察觉。

OR

采用收纳式垃圾箱防止猫咪恶作剧

垃圾箱里有不少勾起猫咪兴趣的东西,它们非常喜欢用垃圾箱进行恶作剧。厨房里有较多生鲜垃圾,建议使用小型投入口的收纳式垃圾箱,猫咪即便想要搞恶作剧,也心有余而力不足。

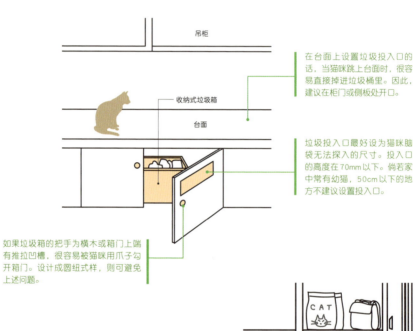

在台面上设置垃圾投入口的话,当猫咪跳上台面时,很容易直接掉进垃圾桶里。因此,建议在柜门或侧板处开口。

垃圾投入口最好设为猫咪脑袋无法探入的尺寸。投入口的高度在70mm以下。倘若家中常有幼猫,50cm以下的地方不建议设置投入口。

如果垃圾箱的把手为横木或箱门上端有推拉凹槽,很容易被猫咪用爪子勾开箱门。设计成圆纽式样,则可避免上述问题。

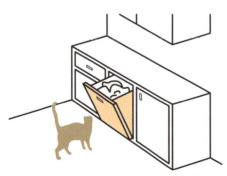

把垃圾桶全都收纳进猫咪无法进入的储物柜中也不错。储物柜里还能收纳一些常备品、非常时期应急用的宠物食品、宠物床单、便携式猫咪用口袋、折叠式宠物箱(带猫咪或狗狗外出时,供主人使用的塑料轻型包袋)等。

让人更为放心的是倾斜式垃圾箱,因为猫咪完全注意不到里面的垃圾。如果想要彻底防止猫咪恶作剧,那么最基本的方针是"不让看""不让接触"。在收纳柜内部设置垃圾箱,厨房内部也会显得更加整洁。

猫咪用餐与猫粮

和人类一样，蛋白质、脂肪、碳水化合物也是猫咪不可或缺的三大营养物质。不过所需比例与人类大不相同。人类所需的能量中，有约70%从碳水化合物中摄取，而隶属于肉食动物的猫咪，需要摄取更加丰富的蛋白质。由于猫咪自身无法生成牛磺酸和维生素A等营养物质，猫粮中多含有大量牛磺酸。缺乏牛磺酸，可能导致猫咪视力下降、心脏疾病等。不过，亲自调配包含必要营养物质的猫粮并非易事，所以喂食正规的猫粮，对猫咪的健康大有裨益。

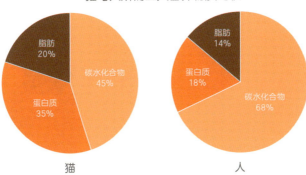

猫与人所需三大营养物质比较

猫粮的种类

由于蛋白质对猫咪格外重要，所以可将猫粮搭配从谷物往肉类、鱼类上倾斜。随着时间的推移，食材会渐渐变得不再新鲜，出现氧化现象，因此推荐购买保存性高的干燥猫粮，并尽量在一个月内吃完。

干燥猫粮与湿润猫粮

市面贩售的猫粮有两种：一种是水分含量仅为10%的干燥猫粮，另一种是水分含量较高的湿润猫粮（猫罐头）。干燥猫粮营养均衡，开封后保质期较长。选择这种猫粮的话，需要为猫咪额外准备饮用水。湿润猫粮的优点在于，猫咪进食时顺便摄取了水分，不过价格比干燥猫粮昂贵。

功能

有的猫粮经由专业调配，配合每日猫咪的进食，能保证营养均衡，称为"综合营养餐"。此外，不同的猫粮具备不同的效果，如"防止肥胖""防止起球""防止牙垢"，等等。

与年龄相符的猫粮

猫咪年龄段不同，所需卡路里和营养也会发生变化。因此，猫粮分为"幼猫用"与"成年猫用"等种类。

书房和卧室 — 让猫和主人一起静下心来吧

虽然时常想和爱猫待在一块儿,但保持一定距离也是很有必要的。诀窍之一便是:适当地分割空间。

猫咪和主人要保持适当的距离。

根据不同的场所,规划出禁止猫咪入内的区域。

想要与爱猫共同度过舒适平静的生活,保持适当的距离非常重要。当我们在做家务或用功学习时,不希望猫咪进来打扰,这时需要在室内切分出空间,规划猫咪的活动路线。猫咪通常根据高度来辨别属于自己的领地和周围的缓冲区域,因此在高处为猫咪设置居所,会让它们心情大好。至于不希望猫咪进入的地方,得靠我们花一番心思来布置。

Part 1 如何构筑猫与人共同的温馨生活·············039

把猫咪居所设置在看得到主人的地方

书房和卧室

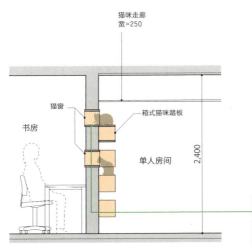

剖面图 比例=1:60

书房里设置猫窗
满足猫咪一窥主人的心愿

当我们在书房学习,不希望猫咪进来打扰时,建议在看得到主人的地方为猫咪设置居所。这样一来,猫咪既能与主人保持一定距离,又能放松地守着努力学习的主人。不希望猫咪进入书房的话,可以安装猫窗,供猫咪在隔壁房间"偷窥"书房哦。

许多猫咪喜欢从与人视线齐平的位置,或是从高处观察主人。如果设置了猫窗,供猫咪从隔壁房间窥视书房,那么猫咪大部分时间都会待在这里,不会进入书房打扰主人学习或工作。

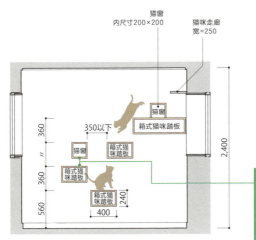

正视图 比例=1:60

在各种位置设猫窗

将猫窗与猫咪踏板结合起来,猫咪常会通过窗户窥视得不亦乐乎,甚至舒服地仰卧在踏板上睡觉。根据猫咪个性、心情的不同,与人的距离也时远时近。当它们感觉安适的时候,更是如此,因此建议猫窗的高度不要设置得过于统一。

猫窗开口高度在150~200mm为好,呈长方形或正方形。从猫窗下檐到猫咪踏板的高度,应参考猫咪坐在踏板上时,它们头部所处的高度。高150~200mm的方形猫窗,一般可以设置在猫咪踏板以上250~400mm的位置。而供猫咪卧着窥探的猫窗,设置在踏板以上200mm的位置比较合适。

不想对猫过敏，该怎么布置卧室？

不和猫咪共享一个卧室

虽然有的主人希望和猫咪共处一室，但从卫生角度考虑，还是各自拥有专门的卧室比较好。有的主人刚开始养猫时不会过敏，但日积月累反而出现了过敏症状。减少与猫咪身上的过敏原接触的机会，可以有效防止猫过敏症状。

如果和猫咪共处一室……

实在不希望和爱猫分开睡觉的话，建议在床旁边、比床稍高的地方设置猫窝，并勤加扫除，经常通风换气。另外，猫咪身上脱落的细毛是蜱虫和霉菌等的营养来源，促进其大肆繁殖。寝具和家具内侧容易积累湿气、灰尘，所以应减少家具的摆放，加强通风，经常清扫。至于寝具，更要勤加清洗和打理。

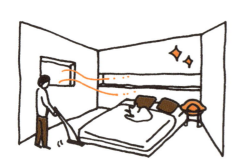

从日常照料做起，清理猫咪脱落的细毛

猫咪脱毛是正常现象，尤其临到换毛期（主要是春秋两季），每天会脱落大量猫毛。脱毛是新陈代谢的一环，所有应对措施中，每日清扫和刷毛最为重要。如果是短毛猫，使用橡胶毛刷，猫毛会直接附着在刷子上，避免乱飞。在房间角落等容易沉积猫毛的地方，需要注意家具的摆放位置，以便顺利使用除尘器进行清扫，每日保持室内整洁。

猫咪换毛时，新毛一般会从猫咪屁股开始向着心脏的方向慢慢生长更替。因此，刚进入换毛期时，应着重清理猫咪的下半身；换毛期快结束时，则改为从上半身开始刷至猫尾。

主人需要了解的猫咪传染病

专栏

为了与猫咪幸福地生活，我们要事先对人类可能从猫咪身上感染的疾病有所了解。重要的不仅是掌握正确的疾病预防知识，还要与猫咪保持适当的距离，避免过度的身体接触。

有可能通过猫咪传染给人类的代表性疾病		
①蛔虫病（弓蛔虫病）	感染源：	由猫排出的虫卵经由口腔进入人体内继而感染，也会经由生鲜鸡肉、生鲜肝脏等感染。
	人体症状：	虫卵发育为幼虫后可在人体内移动，侵入视神经、中枢神经系统后，引发视力障碍、脑炎等危险性疾病。
	预防策略：	定期为猫咪驱虫。沙地里含有虫卵，若孩子在沙地玩耍，回家后务必用肥皂洗净双手。
②猫抓病	感染源：	被猫（尤其幼猫）抓挠啃咬后感染的疾病，也能通过跳蚤传染。
	人体症状：	15岁以下人群感染较多，症状有伤口疼痛、发热、淋巴结肿大等，可持续数周至数月。
	预防策略：	仔细修剪猫咪指甲，勤加扫除，去除跳蚤等感染源。
③巴氏杆菌病	感染源：	被猫啃咬、抓挠后感染。被猫舔舐嘴部，也能经由呼吸道感染。
	人体症状：	出现伤口疼痛、化脓、淋巴结肿大等症状。若通过口腔感染，可能引起肺炎、支气管炎等病症。
	预防策略：	避免被猫啃咬或抓挠。不要与猫咪接吻或以嘴喂食。
④皮肤丝状菌病	感染源：	由皮肤丝状菌引发的皮肤病。接触携带此种病菌的猫后可能感染。
	人体症状：	发痒，皮肤表面发红或水肿，通常出现在手腕和颈部。
	预防策略：	潮湿的环境利于细菌繁殖，应加强通风，出现症状时立即治疗。

注意猫咪与猫咪之间互相传染的疾病

我们也需要留意那些只在猫咪之间传染的病症。"猫免疫缺陷病毒感染症（猫咪AIDS）"主要透过打架时的伤口感染。有的猫咪感染后并无发病症状，有的猫咪病发后出现免疫力低下等问题。"猫白血病病毒感染症"的传染源为病猫，主要透过唾液接触，通过母猫腹内的消化道、胎盘等传染给健康猫。有潜伏期，感染后尚无有效疗法，伴随发热、贫血、淋巴结肿大等症状。上述病症均可通过完全室内饲养、接种疫苗等方法预防。

室内水源

让猫咪远离意想不到的潜在危险

主人需要在家里的水源周围多花心思，避免猫咪溺入放满水的浴缸，或误食洗衣剂等悲剧发生。

不喜欢被水弄湿身体的猫咪，偏偏对源源不断的自来水深感兴趣。

猫咪喜欢狭窄的空间，常常把洗衣机内部或洗脸台的水槽视为自己的居所。

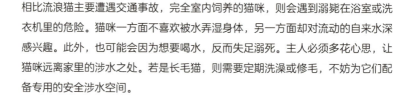

相比流浪猫主要遭遇交通事故，完全室内饲养的猫咪，则会遇到溺毙在浴室或洗衣机里的危险。猫咪一方面不喜欢被水弄湿身体，另一方面却对流动的自来水深感兴趣。此外，也可能会因为想要喝水，反而失足溺死。主人必须多花心思，让猫咪远离家里的涉水之处。若是长毛猫，则需要定期洗澡或修毛，不妨为它们配备专用的安全涉水空间。

防患于未然——围绕室内水源的危机

室内水源

把危险物品放进收纳柜

卫生间、浴室的墙面和地板上可能沾染漂白剂或洗衣剂，猫咪只要舔上那么几口，就会引发巨大危机。为避免此类事件发生，基本原则是不许猫咪进入家中涉水之处。在这些地方设置推拉门，并安装两面旋钮锁。如果不喜欢旋钮锁，而想要装普通的把手门锁，可以让合页门朝向走廊一侧开，这样即使猫咪能转动门把手，也很难顺势蹿入门内。

禁止猫咪进入卫生间

禁止猫咪进入或靠近家中涉水之处的同时，还应确保即使猫咪溜进去，也不会制造问题，为此少不得下功夫好好设计一番。比如选择收纳性较强的家具，将清洁液等通通放在里面，避免各种物品杂乱无章地堆积在卫生间里。

根据猫咪活动路线考虑

只要精心规划空间分配，就能在一定程度上避免猫咪靠近家中的涉水之处。比如，规划猫咪走廊等猫咪的玩耍路线时，尽量远离涉水之处，自然也降低了猫咪遭遇危险的可能性。

注意水龙头的位置

有时候，猫咪不知不觉就会跑去厨房料理台的水槽附近，擅自打开水龙头，一不留神还可能浸入水中。因此，要避免将水龙头设置在靠近台面边沿的位置，并且要注意选择可转动角度较小的水龙头，以免猫咪将出水口转向水池之外。

为猫咪营造舒适的洗澡环境

多功能水槽

猫咪非常讨厌浑身湿答答的。若是短毛猫,只需要每日用毛刷好好梳理,就能保持清洁。而长毛猫相对麻烦,除了刷毛,每月至少要为它洗一次澡。建议在家务室内设置多功能深水槽,既能为猫咪洗澡,又能用于处理日常家务活。水槽底部尽量平坦,配上防滑垫。

注意花洒的使用

淋浴花洒发出的水声属于高音域,会让猫咪感觉极度不适。此外,从高处用花洒给猫咪喷水,也会害得猫咪惊慌失措。因此,为猫咪洗毛时,建议不使用花洒,而是预先在水槽中接好水用来擦洗。水槽内的水位大概在淹没猫咪脚后跟的深度就可以了。不过,倘若花洒上附有一键止水开关,则也可以在为猫咪冲洗身体时帮上大忙。

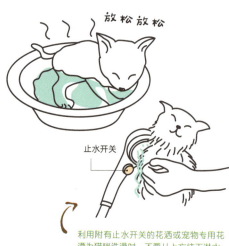

利用附有止水开关的花洒或宠物专用花洒为猫咪洗澡时,不要从上方往下淋水,而应把花洒轻轻贴在猫咪身上,让水自然浸湿身体。

为防止猫咪"中暑",吹干猫毛时,使用宠物专用的低温式吹风机。

吹干猫毛时也不能掉以轻心

使用吹风机为猫咪吹毛,可能导致水珠和细毛四下飞溅。因此,洗澡台周围的墙面,最好采用耐水性高、易于清洁的材料,如大块瓷砖,就像主人自己的浴室一样。

打造个性十足的洗澡台

室内水源

如果常在家里为猫咪洗澡,想必大家一般会直接利用浴室,但浴室中大部分设备是供我们自己使用的,为猫咪洗澡时多有不便。不妨考虑为猫咪打造个性十足的洗澡台吧。

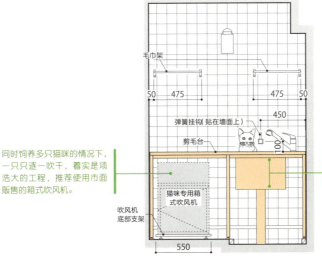

同时饲养多只猫咪的情况下,一只只逐一吹干,着实是项浩大的工程,推荐使用市面贩售的箱式吹风机。

根据制造商提供的标准尺寸设计,如果使用标准的220mm深水槽会有些浅,这里采用350mm的特别定制尺寸。

洗澡台正视图 比例=1:40

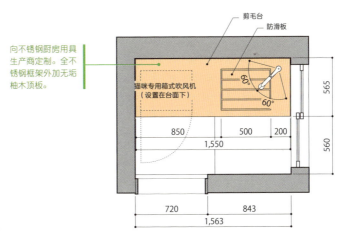

向不锈钢厨房用具生产商定制。全不锈钢框架外加无垢柚木顶板。

洗澡台俯视图 比例=1:40

阳台

如何为猫咪创造一个安全的阳台

适当去阳台或露台上遛一遛,猫咪会心情大好。在阳台上设置格栅,不仅通风良好,视野极佳,还可有效划分室内外空间,主人也能安心地让猫咪在这里活动。

为防止猫咪出逃,可在阳台上设置丝网。

主人去到阳台后,为防止猫咪乘机跟来,一定要关好门。

有时,猫咪会以为"主人在的地方我也可以去",为此,当主人在阳台上晒衣服时,猫咪总是不由自主地跟上前去。这样看来,主人对阳台上的安全防护也不能掉以轻心。在流浪猫较多的地区,当猫咪来到室外露台时,流浪猫的气味可能会让它备感压力,这一点必须注意。

Part 1　如何构筑猫与人共同的温馨生活··············047

在阳台外围装上直通天花板的纵向格栅

阳台

倘若希望猫咪安全地呼吸室外空气，最好将阳台外围用直通天花板的纵向格栅围起来。如果你家的阳台是全开放式的，突出的露台部分没有天花板，则需要将格栅最上端设计成向阳台内折的样式，以防猫咪爬过格栅去到室外。

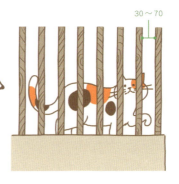

格子的间隙为30mm，几乎所有猫咪都很难穿过，同时也能保证较好的采光与通风。如果家里养的是成年猫，将格子间隙设置为70mm也行。

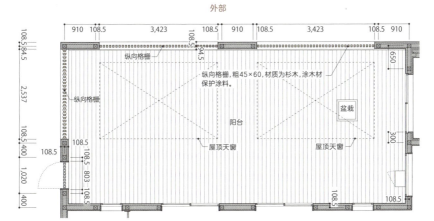

俯视图 比例 =1：120

让猫咪安心地在阳台玩耍

为了让猫咪安心地留在室内,可以在阳台上设置运动装备,不仅能防止猫咪运动不足,还能改善它们的心情。即便只是搭建一块简单的木板,也会被猫咪视为恰到好处的游乐场。阳台地板使用混凝土材质,炎炎夏日,不怕烈日暴晒,猫咪在上面玩耍也不会烫伤。尽量避免使用塑料材质的人造草坪,这种草坪不仅会刺伤猫咪脚掌的肉球,还会滋生跳蚤和细菌,非常不卫生。

即便不愿去想，不过，万一发生时……

"明明家里的玄关和阳台都设计成了不便猫咪出逃的式样，然而稍不留神，猫咪还是溜出去了。""突如其来的巨大声响或意外，会让猫咪异常惊惶，转眼就消失无踪了。"对主人来说，不论怎么小心翼翼，诸如此类的事件依然层出不穷。尽管不希望发生，不过我们还是得提前做好准备，应对上述突发状况。

防止猫咪出逃的小道具＆出逃后派上用场的小道具

猫咪保护带

抓到不老实的猫咪后，为防止它在回家途中再度逃掉，可以套上保护带。另外，在发生意外灾害、不得不带着猫咪外出时，有保护带也会比较方便。

项圈迷路牌

以结实轻质的不锈钢为佳。用蚀刻的方式刻上相关信息，可有效避免字迹消退。

项圈胶囊型迷路牌

胶囊内装有猫咪主人的相关联络信息。再安上铃铛的话，捡到猫的人很容易发现信息的存在。

微型芯片

芯片内记录有猫咪的相关信息，利用阅读器可进行读取。在猫咪背部（肩胛骨周围）进行皮下注射，埋入芯片。

猫咪出逃后怎么办

①在附近搜寻

发现猫咪出逃后，应该立即展开搜寻。室内饲养的猫咪在室外并没有自己的地盘，所以一般走不了多远。失踪4~5天内，逗留在家附近的可能性很高。不妨以家为中心，在方圆500米以内的区域进行搜寻。

②联系宠物医院

如果猫咪下落不明，搜寻的同时最好联系一下常去的宠物医院，让他们也帮忙收集一下信息。宠物医院得到消息后，会立刻联系主人。

③发现猫咪时

一旦发现猫咪，即便没有明显外伤，也要立即送去宠物医院，检查确认猫咪的身体状态。

门与窗

提升猫咪满足感的关键是窗户

猫咪最喜欢在窗边悠然眺望远方。为了让它们放松一番,设置一个飘窗是很重要的。

窗户玻璃采用双层隔热式样,并选择不会阻隔紫外线的类型,这样可以供猫咪享受日光浴。

飘窗的宽度超过450mm,猫咪就可以放松地仰卧在上面呼呼大睡啦。

为了让猫咪适度接受紫外线的照射,可以在日照较强的地方做一个飘窗。窗玻璃采用双层隔热式样。有些玻璃有阻隔紫外线的功效,供猫咪使用的窗户则最好不要阻隔紫外线。不过,也要注意猫咪晒太阳的时间,有的猫咪对紫外线过敏,接受太多日光浴,会引发皮肤炎症。

巧妙设计楼梯间的窗，让猫咪乐在其中

门与窗

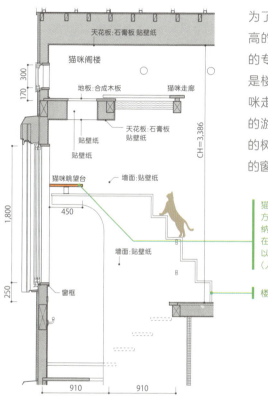

楼梯间剖面图 比例=1:50

为了不让猫咪感觉无聊，可在室内较高的地方，设计一处供猫咪眺望风景的专用区域。家中最高的地方往往就是楼梯间了，因此只要在其中铺设猫咪走廊，就会变成非常适合猫咪玩耍的游乐场。猫咪对野鸟和在风中摇曳的树木最有兴趣，因此可以在楼梯间的窗边设置猫咪眺望台。

猫咪眺望台向室内延伸450mm以上，方便猫咪躺在上面睡觉。如果要容纳2~3只猫咪，那么眺望台宽度需要在1,800mm左右，两端要用支架加以固定，所用木板厚30mm以上为佳（人不能躺在上面哦）。

楼梯扶手兼作猫咪踏板

处于照片中央位置的是一面用作楼梯扶手的墙，它同时还能兼作猫咪踏板，而且人也可以踩在上面来打扫猫咪眺望台和猫咪走廊，随时保持室内清洁。

怎样设计窗户才能让猫咪感觉开心而舒适呢？

为了镇守家里的地盘，猫咪会展开监视行为，它们对窗外来往的行人与车辆也会表现出莫大兴趣，并能从窗外的风景中收获不少刺激。为此，我们需要在设计时就规划好，窗外哪些景物可以让猫咪看见，哪些不能被看见。靠近地板的水平方向的细长窗户，可扩展猫咪的视野。夏天时，从窗口吹进的凉风能让猫咪与主人沉浸在舒爽的氛围里。如果窗户能够全开，可能会给猫咪逃出屋子的机会，因此建议选择百叶窗。

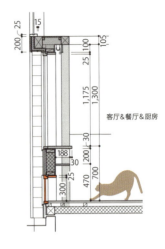

剖面图 比例 =1：50

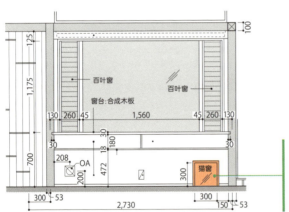

正视图 比例 =1：50

想要从室内眺望屋外景色，可以在餐厅一侧开一扇较大的窗，为了让猫咪可以舒服地趴着暗中观察室外状况，不妨在窗户下贴近地板的地方设置一扇 300mm×300mm 大小的猫窗，记得选用强化玻璃哦。

- 猫咪走廊中段设置一扇高窗。
- 把窗帘束好，以防猫咪搞恶作剧。
- 猫咪晒太阳用的地方。
- 在猫咪用餐的地方，选择便于清洁的地板材质。猫咪可以从这里窥探屋外的地面。

日光浴场和猫窝要分开

除了在窗边给猫咪准备用来晒太阳的日光浴场外,还必须为它们设置专门的猫窝,而且最好能在不同的地方多设置几个。因为窗边很容易由于户外阳光直射或冷空气影响导致忽冷忽热,影响猫咪健康。

如果向阳一侧为深色地板,夏天日照强烈,地面温度可能达到42℃以上。这种情况,就更有必要在别处铺设猫窝,不让猫咪靠近高温的地板。

猫咪在一楼门窗处喷洒尿液该如何应对?

若发现猫咪在室内某处喷洒尿液或磨爪,就意味着猫咪把那里划分进了自己的势力范围。猫咪的这种行为常出现在窗边、门上,或窗帘附近等。由于室外猫咪的气味可能通过一楼出入口、窗边传入室内,所以这些地方也相对容易引发猫咪喷洒尿液的行为。假如你家附近有较多没有被节育的猫咪在室外活动,就需要规划好玄关口和出入口,防止室外的猫咪随意进入室内或自家猫咪的视线。另外,可以调整窗户高度,避免自家猫咪在眺望窗外时看到室外的猫。

发现别的猫后,猫咪就可能在出入口喷洒尿液来标记地盘。

感受不到外界气息时,喷洒尿液的行为也会减少。

飘窗是猫咪的最棒居所

在飘窗上，猫咪可以晒日光浴，眺望室外的行人和飞鸟等。尤其是位于二楼的飘窗，由于可以从高处眺望远方，所以深受猫咪欢迎。

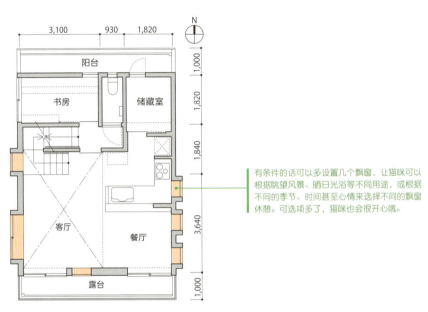

有条件的话可以多设置几个飘窗，让猫咪可以根据眺望风景、晒日光浴等不同用途，或根据不同的季节、时间甚至心情来选择不同的飘窗休憩。可选项多了，猫咪也会很开心哦。

二楼俯视图 比例=1：150

猫咪和主人都爱的飘窗

在很多国家，飘窗都不是百分之百被计入建筑面积的。合理利用这一点来设计飘窗，也可以让小房子看起来格外宽敞。猫咪和主人都会对此感到高兴的。比如，在日本，只要满足如下几个条件，飘窗的面积就不会计入建筑面积：高于地板30cm以上；突出外墙不超过50cm；玻璃（可视区域）占整个飘窗正面面积的1/2以上。

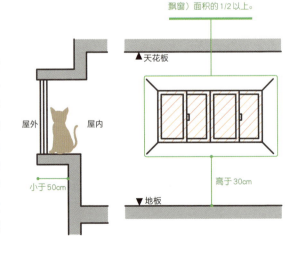

画斜线部分（玻璃）的面积要占绿框内（整个飘窗）面积的1/2以上。

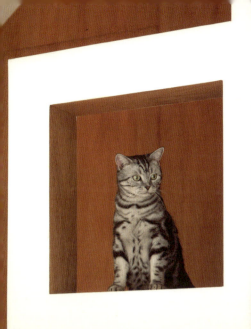

左上图：猫咪喜欢从小窗口探出脑袋，观察主人的各种行为。

右上图：最好能多设置几个猫窗，好让猫咪能从不同的角度欣赏风景与光影变化。

下图：窗台如果能做到300mm宽的话，不仅能供猫咪眺望风景，还能让它在那里蜷缩成一团睡觉。猫咪会很喜欢的。

门窗周边

猫咪,这些你都不能碰!转移猫咪对危险品的注意力

要让家里的危险之物远离猫咪的视线,取而代之,不妨放些其他的有趣物件,让猫咪远离潜在的危险。

窗帘滑轨或窗帘盒上方很受猫咪喜欢,猫咪可能会直接顺着窗帘爬上去。因此,建议加装窗帘盒,并保证窗帘盒上方紧贴天花板。

设置猫咪踏板,诱导猫咪通过踏板爬去高处,而不是攀爬窗帘。

门窗对猫咪而言具有极大的诱惑力。猫咪对会动的东西很敏感,喜欢观察室外的小鸟和行人,对悬挂的窗帘和百叶窗也兴致勃勃。另外,百叶窗的拉绳也很能勾起猫咪的兴趣。在家里多设一些可玩性较高的猫咪踏板和攀爬柱,把猫咪的兴趣从窗帘转移到踏板和攀爬柱上,可以有效避免猫咪在玩窗帘时陷入危险。

Part 1　如何构筑猫与人共同的温馨生活 ………057

猫咪在窗户附近玩耍很危险，该如何应对呢？

门窗周边

玩窗帘

通常，猫咪爬上窗帘是为了趴在窗帘盒等高处眺望风景或俯瞰下方，而且它们很喜欢窗帘轻飘飘的感觉。为了防止窗帘被猫咪抓坏，必须转移猫咪的注意力，可以考虑设置猫咪踏板。另外，要加装窗帘盒，并保证窗帘盒上方紧贴天花板。

玩百叶窗

一般的铝制窗叶（百叶窗的叶片）在被猫咪攀爬时很容易折断，变得七零八落。建议采用木质百叶窗，它的窗叶有一定厚度，不易破损。也可以选择安装两层窗户，将铝制百叶窗设置在两层窗户之间，或直接安装内置有铝制百叶窗的双层玻璃。

玩拉绳

猫咪在玩耍百叶窗的拉绳时，一不小心会把绳子缠绕在腿上或是脖子上。幼猫尤其容易遭遇此类事故，因此必须注意将拉绳卷好，妥帖收纳，千万不要随意垂在地面。

玩纱窗

猫咪磨爪或攀爬，很容易造成纱窗损坏。除了选用强化纱网外，让猫咪远离纱窗也是必要的对策。

让猫咪不再触碰百叶窗的方法

对喜欢在窗边玩耍的猫咪而言，窗帘和百叶窗少不了进入它们的视野。让猫咪触碰不到它们是最根本的解决办法。在这里，建议大家在铝制百叶窗前再设置一层木质窗扇。这样不仅可以避免猫咪恶作剧，还能活用木质窗扇的装饰效果，让窗户成为室内设计的一部分。

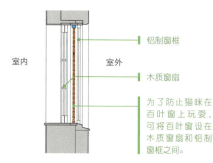

为了防止猫咪在百叶窗上玩耍，可将百叶窗设在木质窗扇和铝制窗框之间。

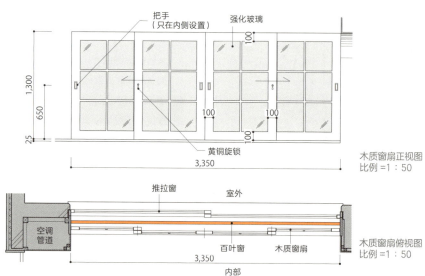

图中就将百叶窗设置在了内外两层窗户之间。若在内侧的木质窗扇上安置窗锁，会令人更加放心。

用坚固的障子代替容易被猫咪抓坏的窗帘

门窗周边

在设有窗帘的房间，猫咪尤其喜欢和窗帘玩耍，如此一来，窗帘往往被猫咪挠得千疮百孔，猫毛也会附着在窗帘上。起风时，细毛四下乱飘，还会引发卫生问题。用功能相似的障子代替窗帘，能有效解决猫毛问题。不过由于障子是用和纸糊制的，可能很快会被猫咪挠坏。如果想在室内设置障子，建议选择不易损坏的强化障子纸。

窗帘很容易沾染猫毛和过敏原。起风或猫咪扑腾窗帘时，上面的细毛与过敏原都会四下飘飞。

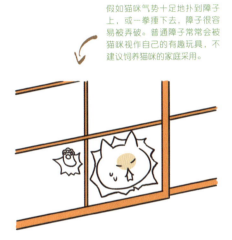

假如猫咪气势十足地扑到障子上，或一拳捶下去，障子很容易被弄破。普通障子常常会被猫咪视作自己的有趣玩具，不建议饲养猫咪的家庭采用。

适合糊制障子的纸质材料

除了强化障子纸，还有别的纸质材料既能遮挡外部视线，又能柔和地过滤光线。推荐大家选用玻璃纤维纸。这种障子纸的构造与瓦楞纸板类似，有一定厚度和强度，不易被猫咪挠破。适合希望设置障子的养猫家庭使用。

相比普通障子纸，玻璃纤维纸除了不易损坏之外还有很多优点，比如隔热性能很强。它不仅可以制成障子设在窗边，还能在室内装潢的其他许多地方派上用场。

电器 ①

一定要注意插座和电线

猫咪在电器旁玩插座或电线是非常危险的,往往会造成重大事故,给主人和它们自身带来无穷的危害。如何才能让猫咪安全地留守家中呢?

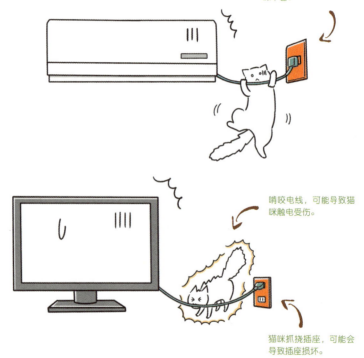

拔掉空调插头的话,室内温度会上升,可能导致猫咪中暑。

啃咬电线,可能导致猫咪触电受伤。

猫咪抓挠插座,可能会导致插座损坏。

猫咪对四处移动或悬挂于半空的物件非常感兴趣,因此家里的插座和电线会成为它们绝好的玩具。然而,电器非常危险,必须防止触电事故的发生。最明智的做法是,让猫咪对电器不感兴趣:①不让电器进入猫咪的视野。②不让猫咪触碰电器。③不让猫咪察觉电器的存在……也就是说,主人要想尽办法让电器从猫咪的世界里"消失无踪"。

Part 1　如何构筑猫与人共同的温馨生活 …………061

电器①

让插座免遭猫咪的"喷尿攻击"

为了宣示自己的主权领域,猫咪会通过喷洒尿液做记号。与普通的排泄行为不同,在这种情况下,猫咪喷洒出的尿液会溅到墙面,有时是比猫咪身高(以猫咪四爪着地站在地板上时,从前脚到肩的高度计算)更高的位置。插座如果沾染尿液,可能发生短路现象,严重时甚至会引发火灾。

在猫咪迎来发情期前就对它们进行绝育,它们通过喷洒尿液做记号的现象便会大大减少。

如果家里同时饲养几只猫咪,或是住宅环境大幅改变,可能会给猫咪带来很大的压力,并引发它们喷洒尿液的行为。

插座沾染尿液,可能引发短路、漏电等现象,甚至导致火灾。

人们常把插座安装在距离地板仅20cm高的地方,为免遭猫咪的尿液喷洒,建议将插座安装在距离地板50cm以上的高度(按猫咪身高30cm来计算)。另外,考虑到与猫咪身高齐平的墙面下部需要时常清理,因此建议这部分墙面选用便于擦洗的材质。

一旦公猫迎来发情期,要制止它喷洒尿液的行为便尤为困难。这里我们将插座设置在距离地板55cm的高度,并在墙面选用了易于清理的强化壁纸。

猫厕所

为避免沾染尿液,将插座安装到距离地板50cm以上的高度。

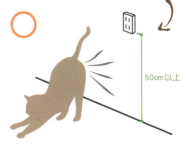

别让家里的空调变成猫咪的游乐园或休息区

猫咪习惯扑向家里向外突出的部分，比如温暖的空调顶部。事实上，这里潜伏着诸多危险。如果猫咪身体较重，搞不好会和空调一起摔落。如果空调上端的过滤器裸露在外，则可能伤害猫咪。

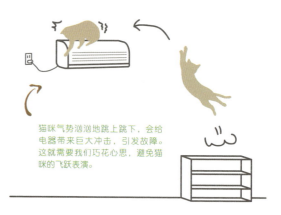

猫咪气势汹汹地跳上跳下，会给电器带来巨大冲击，引发故障。这就需要我们巧花心思，避免猫咪的飞跃表演。

在空调顶部设置猫咪踏板

从物理角度转移猫咪对空调顶部的注意力是个好办法，比如在空调顶部设置猫咪踏板。同时，为了保证空调正常运行，空调顶部与猫咪踏板间距应该设置在30mm以上。猫咪踏板的长与宽都应略大于空调本身。

诱导作战

猫咪喜欢高处，更喜欢沿着看似危险的细长通路爬上高处。我们可以反过来利用这一点，展开诱导作战，转移猫咪对空调的注意力。比如，巧妙设置猫咪踏板，猫咪自然会老老实实地利用踏板，不再想和空调"亲密接触"了。

Part 1　如何构筑猫与人共同的温馨生活……063

专栏

活用物联网技术,让猫咪拥有自己的安心生活

无论将猫咪调教得多好,家中长期无人时,主人还是会担心猫咪的安危。尤其是盛夏和隆冬,对人类和猫咪来说都很难熬,必须时刻关注身体健康。好在通信技术的进步为我们带来了福音,即便出门在外,我们也能通过网络对家里的电器实施远程操控和管理。活用物联网(Internet of Things)技术,主人就能随时确认家中猫咪的状态,调节空调温度。不放心让猫咪独自在家的主人,不妨试试这种方法吧。

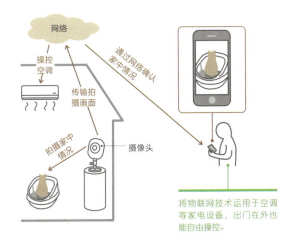

将物联网技术运用于空调等家电设备,出门在外也能自由操控。

接入富士通无线LAN适配器(APS-12B)

选用智能空调,这样即便空调停止运行时,也能远程确认室内温度。室温最好设置在22℃~28℃,这样与室外温差较小(夏季设为28℃,冬季设为22℃~24℃)。

摄像头

PLANEX的网络摄像头CSQR10

在猫厕所里设置监视器,方便主人不在家时,确认猫厕所的情况,由此把握猫咪的健康状态。

电器 ②
把家用电器安放在猫咪的活动路线之外

猫咪眼中的光影和色彩与人类眼中的截然不同。理解了这一点，我们才能知道家用电器该如何安放。

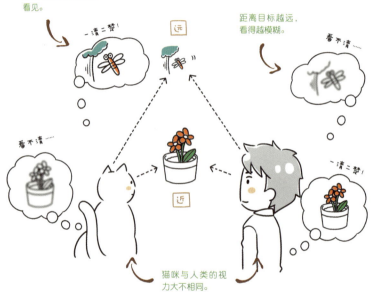

对于动态目标，猫咪在50m以外都能看见。

距离目标越远，看得越模糊。

猫咪与人类的视力大不相同。

以人类视力标准来计算，猫咪的视力在0.1~0.2。在距离静态目标75cm远时，猫咪只能模糊地看到个轮廓，它们能看清的，基本上只有距离在10~20m的物体，不过动态目标另当别论，如果目标在动，即便相距50m，猫咪也能轻易分辨。由此可知，呈现在猫咪眼中的世界与我们眼中的世界相似又相异，对家中照明设备和电器的设置，不得不非常留心。

Part 1 如何构筑猫与人共同的温馨生活 ……………065

猫咪走廊要和照明设备保持一定距离

电器 ②

照明设备时常发热,为避免猫咪被烫伤,建议设在猫咪无法碰触的位置。

从近处直视光源,即便是猫咪也会眼花。

对于明晃晃的东西,猫咪比人类的接受度高,不过,将猫咪走廊设在光源旁侧,未必能讨得它们欢心。即便选择热量少的LED灯,灯泡也会带有一定热度,因此最好不要将它们安装在容易被猫咪触碰的地方。

注意照明设备的朝向,并让它们与猫咪保持距离

调整照明设备和猫咪走廊的相对位置很有必要,这样做既能避免猫咪感觉晃眼或是被烫伤,还能减少猫咪飞扑设备造成设备损坏,以免主人和猫咪同时遭遇危险。如果选择射灯,不仅要与猫咪踏板保持距离,还要避免直射猫咪的眼睛。另外,与射灯和吸顶灯这两种紧贴在天花板上的灯不同,悬于天花板下的吊灯在安装位置上更有讲究。

图中,猫咪走廊和照明设备的距离保持在50cm,这样猫咪不会感觉晃眼。

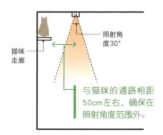

①射灯或吸顶灯

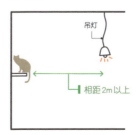

②吊灯

照明设备高于猫咪走廊

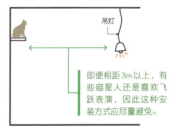

照明设备低于猫咪走廊

电视机也要远离猫咪走廊

比利时动物行为学家的研究报告显示,"有些猫咪能够感知红外线的热量,并对此感到厌恶"。现阶段这一说法有待论证,不过事实表明,如果把猫咪走廊设在距离电视机很近的位置,有些猫咪的确不愿意从上面通过。因此,我们需要避免对着猫咪操作电视机遥控器,也不在电视机附近设置猫咪走廊。

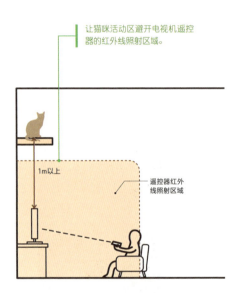

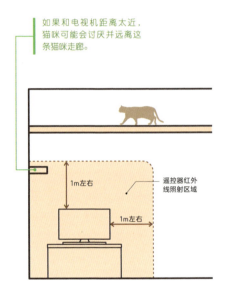

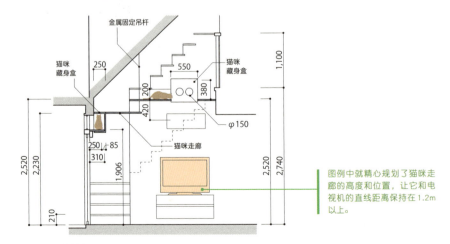

正视图 比例 =1:80

为猫咪拍照或摄像时要注意这些

许多主人都喜欢和爱猫合影,在和猫咪的朝夕相处中,这种愿望会愈发强烈,使得主人们一有机会就拿出相机。不过,为猫咪拍照时必须注意几点问题。比如,严禁对着猫咪使用闪光灯。因为猫咪眼睛的构造与人类不同,一不注意甚至可能导致爱猫失明。如何安全地为自家爱猫拍摄可爱的照片,也是主人的一大课题呢。

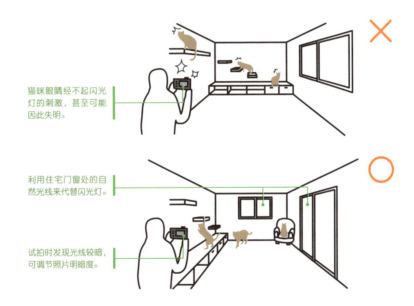

猫咪眼睛经不起闪光灯的刺激,甚至可能因此失明。

利用住宅门窗处的自然光线来代替闪光灯。

试拍时发现光线较暗,可调节照片明暗度。

[想把猫咪拍得可爱一些,最好等到傍晚]

早晨到下午

普通的猫眼

当光线充足时,猫咪无须睁大瞳孔,瞳孔往往显得细长,是名副其实的猫眼。

傍晚到夜间

水汪汪的大眼睛

周围光线较暗,猫咪会睁大瞳孔,因此眼睛会显得又大又亮。

猫是夜行性动物,因此它们的瞳孔会在一天之内,随着时间推移慢慢放大。如果想把猫咪拍得可爱一些,最好等到夜幕降临后。如果喜欢犀利的眼神,可以选择在白天拍摄。

室内环境

从改善空气开始，营造舒适的空间

保持良好的室内环境的诀窍是通风和换气。无论从健康层面还是舒适层面来看，时常打理室内环境都很重要。

换气不足，不仅容易积累灰尘、湿气，促进细菌繁殖，还会积累不少来自猫咪的过敏原。

来自猫咪的过敏原往往导致我们对猫咪过敏。猫咪有舔毛的习惯，因此毛发上会时常留有唾液。等它们干燥下来，就会在室内四处飘散。

如果换气充足，通风良好，室内外温差就不会过大，室内环境也会更舒适。

换气是保证室内舒适度的重要条件。如果换气不足，那么掉落的猫毛等就会成为过敏原，导致我们对猫咪过敏。如果家里不方便开窗换气，可以考虑使用换气设备。不过，这种换气方式有个弊病，即室内温度和湿度容易受室外环境影响，需要多加注意。

室内环境

如果是一楼，则需要增添换气设备以对付外部气味

猫咪的嗅觉比人类灵敏得多，很容易分辨主人外出归来时携带的气味，或是来客身上的气味。家猫对室外猫的气味也很敏感。由供气口进入家中的室外气味、主人外出归来后身上沾染的气味，都会给家里的猫咪造成精神压力。为猫咪减压的方法有很多，比如采用能够过滤微小粒子的换气设备，或采用24小时全热交换型的换气系统（将排气产生的热量转换为供气所需的能量，加以循环利用）等。

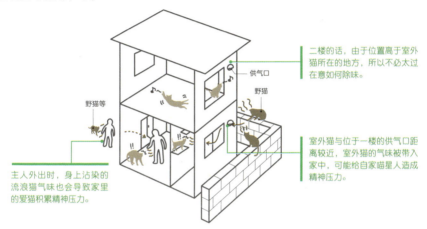

让猫咪感觉舒适的温度是多少？

对猫咪来说，较为舒适的温度为20℃~26℃。除了日常保持温度，我们还要注意各个房间之间的温差，并避免主人在家或外出导致室温急剧变化。

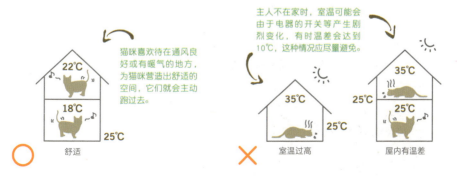

打造恒温的住宅

和自家爱猫一起生活，人们往往需要更加费心地保持适宜的温度和清洁的空气，关注住宅的各种设备，如外墙、屋顶、地基的隔热、通气和换气等。一些对室内空气加以循环利用的换气设备，也能提升住宅的舒适度。

剖面图 比例 =1：150

采用了日本环境创机公司的"微风"系统（利用太阳能、夜间辐射冷却等自然能源的空气集热式太阳能系统），为家中空气进行供气、循环利用、排气等，不让废气沉积。

家里各个房间都开有门窗的话，猫咪也会自己选择温度适宜的房间玩耍。

Part 1　如何构筑猫与人共同的温馨生活 ········· 071

室内环境

如果屋檐较深，下雨天也可以自由开窗。

从一楼和二楼的门窗进入室内的新鲜空气，都会通过设在楼梯间上的猫咪走廊。

南风穿过整栋屋子，各个房间温差不会很大。

二楼

这是厨房的飘窗。温暖的阳光透过这里照进室内，猫咪便开心地跑来享受了。

一楼

风向 →

俯视图 比例=1：200

地面

主人选中的地板材料，我也喜欢

地面材料大多数时候只要按照喜好来选就好。不过为了家中的猫咪，要注意避免大理石等坚硬材质哦。

树脂板或玻璃等滑溜溜的材料，猫咪不喜欢。

瓷砖　　木地板

选择瓷砖或木地板，对猫咪来说都OK，它们不像狗狗那样挑剔。

如果家里养着猎獾犬一类腿和腰比较柔弱的狗狗，建议选择弹性较好的地板，相比狗狗，只要不是大理石这种过于坚硬的地板，猫咪都没有问题。不过要记住，猫咪讨厌滑溜溜的材质，应尽量避免使用。反过来，如果家里有不希望猫咪进入的地方，只要铺设滑滑的地板，就能有效避免喵星人闯入。

地面材料一定要结实耐用

一旦在地面上留下爪痕,猫咪就会上瘾,养成习惯性磨爪行为。若采用木地板,建议选择硬度较高,即便穿着鞋踩踏也不伤表面的材质,这样的木地板比较经久耐用。在舒适方面,我们可以赤脚踩一踩试试,一般我们踩上去感觉舒服的地板,猫咪也会喜欢。最后建议选用不易翘弯的胡桃木材质。

图中使用的是边长600mm的方瓷砖,相较木地板更为耐磨。在选择这款瓷砖时也考虑到了猫咪的喜好,选择了表面少许粗糙,但踩上去不会感觉硌脚的款式。

【为猫咪选用的地板材料】(凡例:○:合适;△:一般;×:不合适)

材料	评价	特征&注意事项
硬质木地板	○	表面经过强化处理的木地板或用铁木等硬质木材制成的抗污地板。表面虽然不易留下爪痕,但大多较为光滑。建议在猫咪常跳上跳下的地方摆放防滑垫。
软质木地板	○	用松木、桐木等木材制成的抗污地板,带有天然的缓冲性和温润质感,容易留下爪痕。适合喜欢磨旧感的人群。在猫咪常跳上跳下的地方容易留下爪痕,所以需要定期保养。
打蜡或有树脂涂层的软木板	○	质地温润,且具备缓冲性。有的表面没有涂料,容易沾染污渍。尽量选择经过打蜡或有树脂涂层的软木板,防水性能更佳。软木板的保温性能也较好。厚度在5mm以上为佳。
PVC地胶	○	耐水性、缓冲性高。接缝比较少,不容易沾染气味和污渍。价格相对便宜。表面经过强化处理、厚度在2.5mm左右的为佳。太薄的话,容易被猫咪挠破。
瓷砖、石材	○	瓷砖样式繁多,有很大的设计空间。石材中,花岗岩这类防水性好的石材更为常用。只不过受表面处理方式的影响,有些产品可能比较光滑。炎炎夏日或室内暖气过强时,猫咪会很喜欢这种冰凉的触感。
合成树脂地砖	△	步行时触感良好,耐磨,耐腐蚀。款式设计繁多,建议选择表面经防滑处理的产品。也可在局部铺设防滑垫。
地毯	×	有弹力,不易滑倒,外观精美高级。缺点是容易粘毛,呕吐物或污渍不易清除。并且如果地毯毛过长则可能勾住猫咪的爪子,因此需要仔细挑选。猫咪很喜欢在地毯上磨爪,可以考虑使用草编地毯。

留心地暖的种类

地暖是养猫家庭最佳的取暖方式之一。虽然空调和暖风机也可以用来驱寒，但它们吹出的风可能会导致猫毛在空中飞舞。另外，由于电加热地暖会发出微量电磁波，而且会导致局部地面过热，因此建议选择燃气式水地暖。

使用地暖的情况　　使用空调的情况

选择即使弄脏也不扎眼的地板材料

猫咪给自己舔毛时也会吞入部分毛发，过后这些毛发都会被猫咪吐出来。为此，不得不留心地板上的呕吐物等污渍。选用木地板等自然材质时，可以用涂料调整表面颜色，让将来的污渍不那么显眼。水渍常会慢慢变为深灰色，因此建议选用灰色系的涂料，这样可以很好地掩饰污渍。

有爱猫与小孩相伴的住宅，可以在地板表面涂灰色系的蜡油。墙壁方面可以选择除味性强且耐磨的硅藻泥材质，即便猫咪抓挠也不容易留下爪痕。

Part 1　如何构筑猫与人共同的温馨生活 ……………075

用地板材料明确划分猫咪的居所

地面

猫咪汗腺较少，体温升高后，喜欢跑到较冷的地方为身体降温。在猫咪能够自由出入的地方，如客厅角落等铺设瓷砖或石地板，猫咪就能自行调节体温了。下图的住宅中，在部分区域铺设了深岩石（轻质凝灰岩），作为猫咪居所。这种岩石质地相对柔软，不易给猫咪的腿和腰造成负担，也不像木地板那样容易留下爪痕，推荐大家尝试。

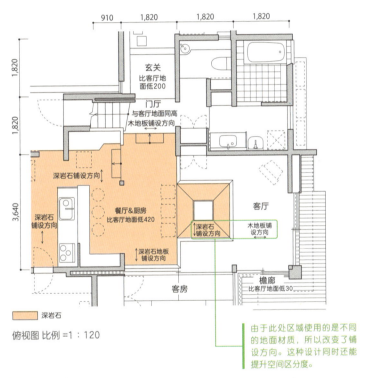

俯视图 比例 =1：120

由于此处区域使用的是不同的地面材质，所以改变了铺设方向。这种设计同时还能提升空间区分度。

由于在深岩石下设置了地暖，所以这里无论酷暑还是隆冬，都会成为猫咪的最佳居所。

墙壁

再也不怕猫咪留下爪印啦

墙壁很容易被猫咪的爪痕和喷洒的尿液弄破弄脏，墙壁装饰的材质选择和张贴方法也是一门学问。

猫咪喷洒的尿液容易弄脏墙壁，建议选择易清洁的材质。

猫咪磨爪会让墙壁装饰破旧不堪，如果你铺设方法得当，起码修补起来会轻松一些。

磨爪也是猫咪做记号的一种方式，此外它们也会通过喷洒尿液等行为宣示主权。这种情况常见于成年公猫，有时母猫或实施过结扎手术的公猫也会如此。考虑到墙面容易被猫咪挠坏，以及沾染尿液等污渍，建议选择修补简单、容易清扫的壁纸。

Part 1　如何构筑猫与人共同的温馨生活 ⋯⋯⋯⋯⋯077

墙壁

巧妙选择宠物专用的壁纸材质

壁纸种类丰富多样，建议大家选择不易吸附污垢、弄脏后也能轻易打理干净的材质。另外，经得住猫咪抓挠、耐久耐磨也是选择的要点。最近，各大生产商以壁纸为主打产品，推出了不少宠物专用建材，其中不乏经久耐用、附带净味功能的产品，刚好可以巧妙利用一番。

推荐的壁纸

商品名（生产产商）	特征
超干爽壁纸（大建工业）	可以通过吸收、排出空气中的水分来自动调节室内湿度。还可以吸附甲醛，减少宠物带来的各种异味。
超强防污壁纸（TOLI Corporation）	经久耐磨，强度为普通表面强化壁纸的3倍以上。采用EVAL[*]树脂薄膜叠层处理，使用中性清洗剂，可轻易去除猫咪做记号时留下的污渍，以及日常生活污渍。经过抗菌处理，可抑制细菌繁殖。
循环除味壁纸（TOLI Corporation）	能有效抑制动物臭味和其他异味。可反复发挥除味功能，去除甲醛，持久性强，使用寿命长达8~10年。
超耐用壁纸（Sangetsu）	经久耐磨，强度为普通树脂壁纸的10倍，有效对抗狗狗和猫咪的爪痕。耐冲击性为普通树脂壁纸的3倍。表面采用EVAL树脂薄膜叠层处理，不易留下刮痕或碰伤，易于打理，时刻维持室内整洁。
Room air（Sangetsu）	去除日常生活中令人不快的异味，保持室内空气清爽舒适。抗菌、除味效果长达10年。可降低甲醛含量。

* EVAL是Kuraray株式会社的注册商标。

用壁纸的不同贴法应对猫咪爪痕

容易修复的墙裙设计

如果想用壁纸装饰墙面,必须选择不易留下爪痕,经得住猫咪抓挠的壁纸。同时也建议在地板以上90cm范围内贴设墙裙(材质以瓷砖或石材为佳),或将墙纸分为上下两部分粘贴。这样,当下半部分被弄破弄脏时更容易替换。

有了墙裙,即便被猫咪挠坏,也只需要修复被抓坏的部分。

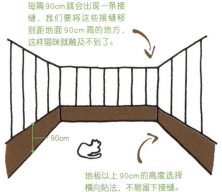

如果纵向张贴壁纸,那么每隔90cm就会出现一条接缝,我们要将这些接缝移到距地面90cm高的地方,这样猫咪就触及不到了。

地板以上90cm的高度选择横向贴法,不易留下接缝。

横向贴壁纸,避免猫咪恶作剧

壁纸的寻常贴法一般为纵向,而根据壁纸的宽幅,出现接缝是不可避免的。这些接缝往往是猫咪喜欢用爪子去拨弄的地方。这里巧妙地利用宽为90cm的壁纸横向粘贴在墙面下方,可以有效减少接缝,避免猫咪恶作剧。

便于施工的材质更能避免猫咪恶作剧

经过EVAL树脂加工的壁纸具有较高的耐磨性,即便猫咪把爪子勾在上面伸懒腰,也不容易留下爪痕。如果已经帮猫咪养成了好的磨爪习惯,或家里猫咪活动区域足够大,也可以考虑使用只经过少许表面强化处理且便于施工的壁纸。便于施工的壁纸更容易被张贴得严密,重叠部分不会太显眼,就不易诱发猫咪恶作剧了。

* 当发现猫咪过度磨爪时,要及时咨询宠物医生,因为它们很有可能对现有环境感觉不安,或积累了相当多的精神压力。

Part 1　如何构筑猫与人共同的温馨生活 ………… 079

灵活运用自带各种功效的墙壁装饰材料

墙壁

总体说来，我们在贴壁纸时应该将墙面分为上下两部分考虑。下半部分墙面选择不易磨损的壁纸，上半部分则可以选用具有较好保湿性、除味性的硅藻泥壁纸。

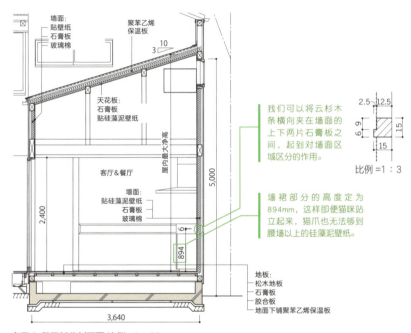

我们可以将云杉木条横向夹在墙面的上下两片石膏板之间，起到对墙面区域区分的作用。

比例 =1：3

墙裙部分的高度定为894mm，这样即便猫咪站立起来，猫爪也无法够到腰墙以上的硅藻泥壁纸。

客厅 & 餐厅部分剖面图 比例 =1：80

使用上下分隔法张贴壁纸时，可以在上下墙面分别采用不同的花色，并在墙中间加入隔断材料，描出清晰的分割线。墙面下部的花色，以容易遮掩污渍的灰色系为佳。

门

猫咪是万能的开锁星人

猫咪前爪非常灵活，上下推一推，左右晃一晃，就能把门打开。为此，我们有必要仔细考虑门的设计。

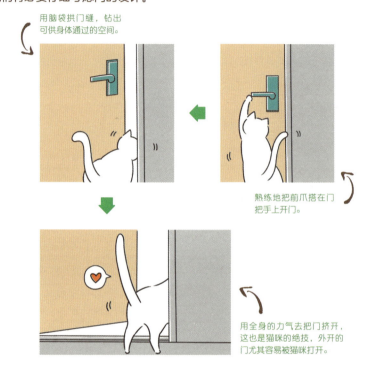

用脑袋拱门缝，钻出可供身体通过的空间。

熟练地把前爪搭在门把手上开门。

用全身的力气去把门挤开，这也是猫咪的绝技，外开的门尤其容易被猫咪打开。

猫咪擅长打开外开式门扉，只要把前爪往门把手上一搭，再往下灵巧地一拉，门就开了。如果不希望门被猫咪轻易打开，不妨在门上加设旋钮锁或采用推拉式门把手（如下页所示），增加开门所需的步骤。有些门为了保证24小时换气，底部并不是紧贴地面，而会留出一定高度。这样我们开门时，就可能会夹住猫咪的脚。如果使用玻璃门，就可以在开门前确认猫咪是否躲在门后啦。

开门方向与门把样式都很重要

门

猫可以轻松打开推拉门

通常,猫咪只要用前爪在门缝处抓来抓去,就能挠开一道缝隙,然后用头拱开门,顺利潜入室内。遇上较轻的推拉门,开门对猫咪来说更是小菜一碟了。所以,如果不希望猫咪进入房间,建议在门上额外设锁。

内开的门不容易被猫咪打开

遇到外开门,猫只消扒拉几下门把手(前页所示),再用身体一推一挤,就能打开了。换成内开式的话,猫咪开门就会有一定难度了。

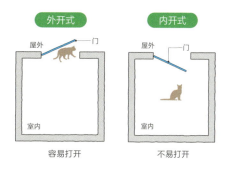

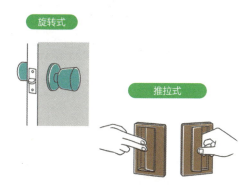

将门把手改为旋转式或推拉式

对家里那些不希望被猫咪擅自打开的门,我们可以把门把手改为操作相对复杂的样式。比如旋转式,需要"握紧后旋转半周"才能开锁,这对猫咪可谓高难度动作。又如推拉式,在门外开锁,需要向内按门把手;在门内开锁,则需要往外拉动门把手。可别小看拉动门把手这个动作,人可以轻易完成,猫咪却不一定哦。

猫门的设计也关乎猫咪的安全

不透明的推拉门,无法确认对面有无猫咪。若在猫咪刚好通过时开门,可能给猫咪造成极大伤害。

猫门不可设在推拉门上

仅供猫咪出入的小口被称为"猫门"。猫门千万不要设置在家里的推拉门上,因为推拉门在开关的过程中,很可能会夹住猫咪。如果万不得已只能设在推拉门上,那就要选择玻璃推拉门,以便随时确认门对面有无猫咪。当然最好还是将猫门开在门旁的墙壁上。

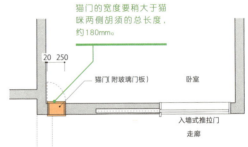

俯视图 比例=1:50

墙上设猫门

猫门的位置不必紧贴地板。只要左右宽大于180mm,上框高于猫咪身高(约280mm)就可以了。当然,猫门的门槛高度最好小于100mm,这样猫咪一迈腿就能通过啦。

普通房门上设猫门

猫门的门板建议采用树脂板等质地柔软且透明的材质,以便随时观察猫门对面的状况。图中是配套的猫门与猫门板产品,猫门开口大小为高320mm,宽210mm,门槛高约50mm。

Part 1　如何构筑猫与人共同的温馨生活 ············083

在高处设置猫门，控制猫咪活动区域

即便在各个房间之前都开通了猫门，我们也有办法限制猫咪的活动范围。假如，希望为家中不同的猫咪规划各自独立的生活空间，或有一些房间——比如卧室——不希望猫咪进入，却又想让猫咪能随时观察房间里的情况，不妨在较高的地方设置猫门，并加设可上锁的玻璃门板。这样一来，就可以在不让猫咪随意出入的情况下，让它们尽情观察这个家了。

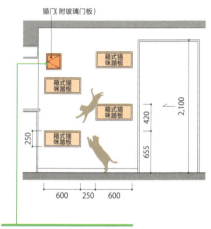

关上玻璃窗后，猫咪可以趴在第三级箱式猫咪踏板上，透过玻璃窗观察卧室。

箱式猫咪踏板示意图 比例 =1：60

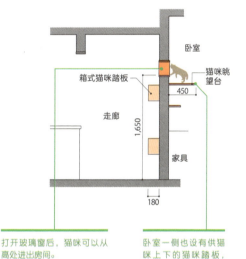

打开玻璃窗后，猫咪可以从高处进出房间。

猫咪楼梯示意图 比例 =1：60

卧室一侧也设有供猫咪上下的猫咪踏板，猫咪可以从卧室里俯瞰走廊。

走廊一侧的箱式猫咪踏板与猫门。卧室里的猫咪可以透过猫门来观察走廊的情况。

隔音

让屋内的声音出不去，屋外的声音进不来

猫咪听力很好，为了不让它积累精神压力，主人必须巧妙阻挡屋外的噪声，同时也要应付自家猫咪发出的叫声和跑闹声。

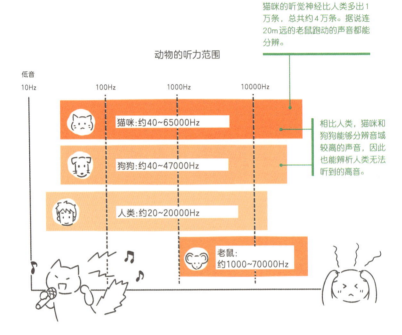

动物的听力范围

猫咪：约40~65000Hz
狗狗：约40~47000Hz
人类：约20~20000Hz
老鼠：约1000~70000Hz

猫咪的听觉神经比人类多出1万条，总共约4万条。据说连20m远的老鼠跑动的声音都能分辨。

相比人类，猫咪和狗狗能够分辨音域较高的声音，因此也能辨析人类无法听到的高音。

据说猫咪能够分辨40~65000赫兹的声波，比起人类，钻入它们耳朵的声音实在太多，因此它们也更容易积累精神压力。所以，修建住宅的时候，必须考虑噪声处理问题。另外，猫咪在夜间远比白日活跃，这时候室外较为安静，哪怕很小的声音也容易引起人们的注意。如果住在公寓等非独栋住宅，对猫咪吵闹声的处理尤为必要。

Part 1　如何构筑猫与人共同的温馨生活　　　　　085

隔音

如何应对室外猫的叫声

室外那些没有被采取节育措施的猫，一到发情期就会大吼大叫，有的家猫对此格外敏感，会因此积累精神压力。虽说是室内饲养，但仍会有连通着室外的通道，主人不可掉以轻心。尽量不要在室外猫常活动的区域设计门窗或换气口。如果难以避免，就一定要做好隔音设计，比如为换气口加设隔音罩。

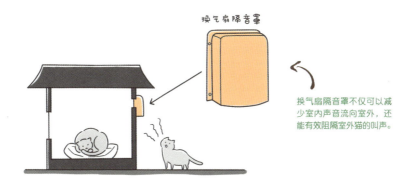

换气扇隔音罩不仅可以减少室内声音流向室外，还能有效阻隔室外猫的叫声。

在楼梯下为猫咪打造玩耍的小窝

楼梯下面的空间刚好可以利用为猫厕所或休息区，不过缺点是很容易听到猫咪或人在走动时发出的嘈杂声响。从原则上来讲，把猫窝设定在这里，并不十分理想。比如，有时候猫咪睡得正香，却被主人的脚步声吵醒，很难继续入睡，容易变得焦躁不安，压力倍增。所以，楼梯处的隔音处理也必不可少。

可铺设易于清洗的隔音地毯，并在楼梯台阶和猫窝之间加设装饰格子，避免噪声直接传入猫窝。

巧妙选择地面材料，减少噪声

千万别以为只要过滤掉室外猫的声音就万事大吉了，如何减少家里猫咪的跑跳声，也需要主人大费心思。较硬的木地板等材质吸音效果较差，回音较大。建议采用弹性较好的PVC地胶，或是隔音、吸音性能较强的硅藻泥材质的地砖，对抗猫咪的跑跳声。

沸石土
（富士川建材工业）

隔音地毯
（大建工业）

地毯贴片
（TOLI Corporation）

以白沙石、沸石为原料制成的墙壁涂料。能自动调节室内湿度，吸附甲醛，消除异味，在抗菌、净化空气方面效果较好。

边长500mm左右的方形瓷砖式地毯，带有隔音效果，当猫咪和狗狗大叫时可以减少回音，同时还能减轻猫咪蹦跳对地板的冲击。

边长400mm左右的方形地毯贴片，绒毛经过修剪处理，不易勾住猫咪指甲。并且经过特殊加工，使其可以吸附宠物体味，将其分解为安全物质。隔音性也很强。

猫咪走廊也要注意隔音

猫咪玩得兴起时，可能会闹出很大动静，为了减少噪声，为猫咪走廊增加转角，让猫咪不得不老老实实地停下来，是个值得尝试的办法。另外，也可以将楼梯设计成无法全速奔跑的折返型，或加设箱式猫咪踏板，诱导它们利用踏板进行阶段式移动。

猫咪遇到转角时，会自觉地减缓速度。

要一步一步谨慎移动，所以声音自然就小了。

Part 2

营造一个让猫咪快乐且安心的生活空间

猫咪走廊 ① 喵星人驾到！安全与安心是前提

一个不小心，猫咪就可能从高处的猫咪走廊掉下来。因此，我们在设计猫咪走廊时，一定要考虑好安全措施。

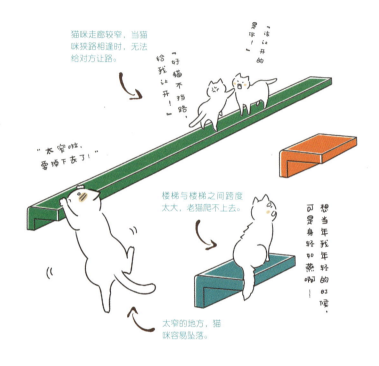

猫咪走廊较窄，当猫咪狭路相逢时，无法给对方让路。

"该让开的是你！"
"给我让开！"
"好猫不挡路！"

"太窄啦，要掉下去了！"

楼梯与楼梯之间跨度太大，老猫爬不上去。

想当年我年轻的时候，可是身轻如燕啊……

太窄的地方，猫咪容易坠落。

在家里设置猫咪走廊，可以让猫咪的游乐空间更加丰富立体，有益于它们的身心健康。配合室内设计，科学合理地设置猫咪走廊，会给猫咪和主人带来双倍的快乐。不过，假如费心设置的猫咪走廊存在较多安全隐患，就得不偿失了。首先让我们来看看，如何设置安全的猫咪走廊吧。

Part 2　营造一个让猫咪快乐且安心的生活空间················089

阻止猫咪全速奔跑的折线型猫咪走廊

猫咪走廊①

猫咪走廊的直线距离太长，猫咪就会撒欢般全速奔跑。过度兴奋之下，还可能从上面坠落。因此，将猫咪走廊设置成折线型，才能避免此类悲剧。建议把猫咪走廊的直线距离控制在3m以下，此外，利用箱式猫咪踏板也能有效避免猫咪的全速奔跑。猫咪踏板与折线型猫咪走廊搭配设置，可谓效果绝佳。

猫咪走廊的拐角可设为90°，转角角度太小无法减低猫咪奔跑的速度。此外，折返式猫咪踏板对猫咪的奔跑也有一定抑制效果。

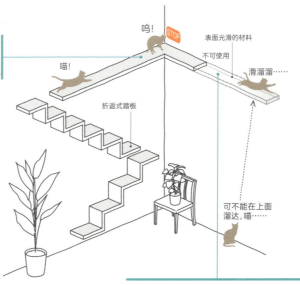

如果使用玻璃或亚克力等材料制作猫咪走廊，猫咪在上面全速奔跑时很容易打滑，发生摔倒或坠落事故，因此要尽量避免采用此类材质的猫咪走廊。而且玻璃材质很容易破损，遇到地震等灾害还可能造成额外的伤害。

除了在猫咪走廊的设置上别出心裁，推荐大家把猫咪踏板也设置成折线型或折返式，避免猫咪兴奋过度，发生事故。图中是在折返式猫咪踏板的中段，设置了一个缓冲平台，以便猫咪转身。

在猫咪走廊上不留"死胡同"

当两只猫咪在猫咪走廊上狭路相逢时,弱势的猫咪不得不为对方让路。惊慌之余,可能发生坠落的危险。如果猫咪走廊两端都设有可供猫咪自由上下的通道,其中一只猫咪就能大摇大摆地转身就走,再也不用委屈自己啦!另外,可以考虑加宽猫咪走廊,保证两只猫咪同时通过。

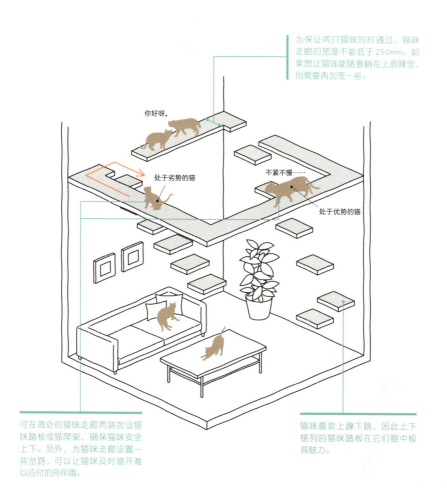

为保证两只猫咪同时通过,猫咪走廊的宽度不能低于250mm。如果想让猫咪能随意躺在上面睡觉,则需要再加宽一些。

你好呀。

处于劣势的猫

不紧不慢……

处于优势的猫

可在高处的猫咪走廊两端加设猫咪踏板或猫爬架,确保猫咪安全上下。另外,为猫咪走廊设置一些岔路,可以让猫咪及时避开难以应付的同伴哦。

猫咪喜欢上蹿下跳,因此上下错列的猫咪踏板在它们眼中极具魅力。

老猫也能安心利用的踏板

猫咪走廊 ①

随着年龄的增长,猫咪攀爬踏板也会越来越困难,在设置猫咪踏板的间距时,我们应该考虑到这点。超过11岁的老猫,运动能力显著衰退,会因为爬不上高处而压力骤增。和朝气蓬勃的年幼猫咪在一起玩耍时,老猫可能会过于兴奋,导致脚下踩空。因此,设置老猫也能安全上下的踏板很有必要。

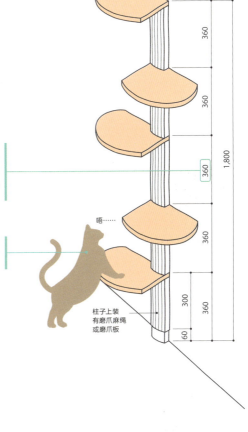

这种形状的猫咪踏板,一般上下间距在500~600mm。虽然对年轻的猫咪来说毫无困难,但考虑到老猫的运动能力,还是缩减为350~380mm为佳。

为了方便老猫和胖猫自由上下,踏板间距小一些比较好。

柱子上装有磨爪麻绳或磨爪板

猫咪喜欢在高处玩耍或放松休息,大幅整理、重装房间造成的室内布局或环境改变,会让猫咪感觉不安。这时精心设计过的猫咪踏板就派上了用场,不论老猫、小猫都能在上面安一个家。

四种猫咪踏板帮助猫咪活动全身筋骨

我们在设置猫咪走廊和猫咪踏板时，除了考虑间距，还要注意灵活搭配踏板类型，随时勾起猫咪的兴致，让它们健健康康地玩耍嬉戏。下面介绍四种设置猫咪走廊和猫咪踏板的方法。

❶ 矮踏步楼梯让猫咪小步快跑

如果楼梯每级间的高度差在10~15cm，猫咪上下楼道时就只能"手脚并用"地小步快跑。这样可以帮它们同时活动四肢。

这下必须得加快迈步频率啦。

❷ 让猫咪踏板在水平方向上多错开一些，促使猫咪左右跳跃

让猫咪踏板不仅高低不同，在水平方向上也多错开一些，这样猫咪跳跃起来更带劲。最好能连着多设置几级踏板。

一级接一级畅快地蹦跳特别有节奏感。

❸ 抬头挺胸，垂直上跳

将猫咪踏板以350mm左右的间距上下摆放，水平方向几乎不错开，猫咪就有机会拿出真本事来一次垂直起跳了。

猫咪蓄势待发，准备来一次充满节奏感的垂直上跳。

❹ 高踏步楼梯，可以供猫咪急速奔跑

如果楼梯每级间的高度差在25cm左右（类似人类使用的楼梯），猫咪在上面奔跑时就可以充分舒展筋骨啦。

一口气直冲上坡。

Part 2　营造一个让猫咪快乐且安心的生活空间　　　　　　093

猫咪走廊①

下面几张图片展示了按前页所示的四种方式设置的猫咪走廊和猫咪踏板。在楼梯间安装猫咪踏板时，一定要设置连通各层房间的猫门，以防止猫咪为了去到地面，情急之中直接从踏板顶部跳下。

如①所示，楼梯每级的高度都较小，能让猫咪小步快跑。

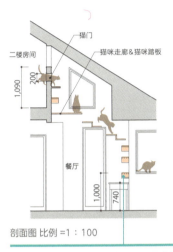

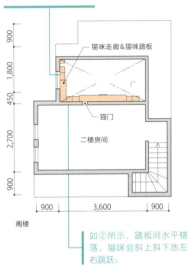

剖面图 比例=1：100

把最底层的踏板设置在人类腰部以上的位置，以防超高龄的老猫频繁跳上跳下。如果想方便身体机能刚开始减退的中老年猫咪，可以在踏板下摆设稳固的家具，以代替最下级的踏板。

如②所示，踏板间水平错落，猫咪会斜上斜下地左右跳跃。

如③所示，供猫咪垂直跳跃的部分。

猫咪走廊和猫咪踏板的路线设置一定要清晰。这样猫咪站在顶端一眼就可以确定自己下楼要走的路线，可以减少很多危险。

俯视图 比例=1：150

猫咪通道的一部分与普通楼梯重合，可以供猫咪进行如④所示的直线冲刺。

猫咪走廊 ②

想与我的猫咪更加亲密无间

将收纳架和猫咪走廊结合在一起，或充分利用常被闲置的墙面顶部，将猫咪和主人的生活区域融合到一起吧。

在高处为猫咪搭建用来休憩的小窝。

如果猫咪走廊能路过窗户，它们会更喜欢的。

猫咪走廊和猫咪踏板是猫咪的专属生活空间，自然需要设计得方便又好用。如果我们能多花费少许心思，就能设计出让主人和猫咪都乐在其中的猫咪走廊。在日常生活中，和猫咪共同分享一些有意思的玩耍场地，能让主人和爱猫更加亲密无间。

Part 2 营造一个让猫咪快乐且安心的生活空间••••••••••••••095

猫咪走廊②

自带"枕头"的猫咪休憩箱

猫咪喜欢在高处拥有私密空间,也喜欢钻入缝隙或锅等狭窄的空间,以及壁柜等阴暗的场所,这样做它们会感到无比安心。为此,建议在猫咪走廊上加设猫咪休憩箱(被木板围住的空间),让猫咪放松地在里面享受独处时光。这个设计还能抑制猫咪在猫咪走廊上全速奔跑的冲动,并防止它们躺在猫咪走廊上睡觉时不慎摔落。

通过猫咪休憩箱上的洞观察猫咪,对主人来说也是蛮有意思的事。只要休憩箱的设计实现了以下三点功能,猫咪就会彻底爱上这里的:①壁板够坚固,可以让猫咪靠着睡觉。②壁板上开洞,让猫咪可以"枕"在洞口窥探下方。③洞的朝向要好,最好能将整个房间一览无余。

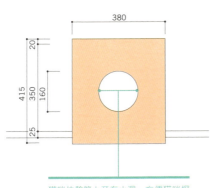

猫咪休憩箱上开有小洞,方便猫咪探出脑袋,枕着壁板俯瞰下方风景。洞的直径一般在160mm左右就可以了。

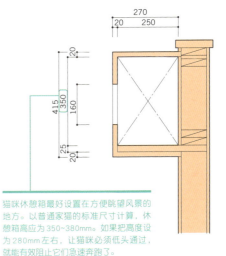

猫咪休憩箱最好设置在方便眺望风景的地方。以普通家猫的标准尺寸计算,休憩箱高应为350~380mm。如果把高度设为280mm左右,让猫咪必须低头通过,就能有效阻止它们急速奔跑了。

猫咪休憩箱正视图 比例=1:15   猫咪休憩箱侧视剖面图 比例=1:15

猫咪踏板的最佳尺寸

猫咪踏板（从外沿到墙面的距离）如果设计得太宽，会挤占主人的通行空间；如果太窄，则会对猫咪安全造成威胁，因此必须精心规划。此外，根据不同用途，踏板间的坡度也有不同的讲究。如果是为增加猫咪运动专门设置的，那么坡度陡一些也无妨，主人可以借此欣赏猫咪上蹿下跳的表演。如果只为方便猫咪日常通行，就要根据猫咪自身的运动能力来设置坡度。

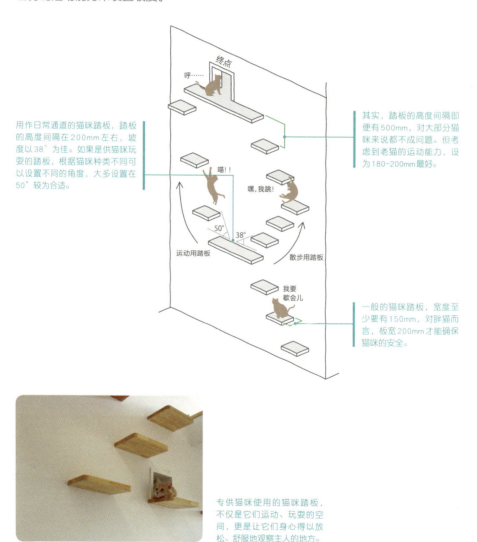

用作日常通道的猫咪踏板，踏板的高度间隔在200mm左右，坡度以38°为佳。如果是供猫咪玩耍的踏板，根据猫咪种类不同可以设置不同的角度，大多设置在50°较为合适。

其实，踏板的高度间隔即便有500mm，对大部分猫咪来说都不成问题。但考虑到老猫的运动能力，设为180~200mm最好。

一般的猫咪踏板，宽度至少要有150mm，对胖猫而言，板宽200mm才能确保猫咪的安全。

专供猫咪使用的猫咪踏板，不仅是它们运动、玩耍的空间，更是让它们身心得以放松、舒服地观察主人的地方。

Part 2 营造一个让猫咪快乐且安心的生活空间

猫咪走廊 ②

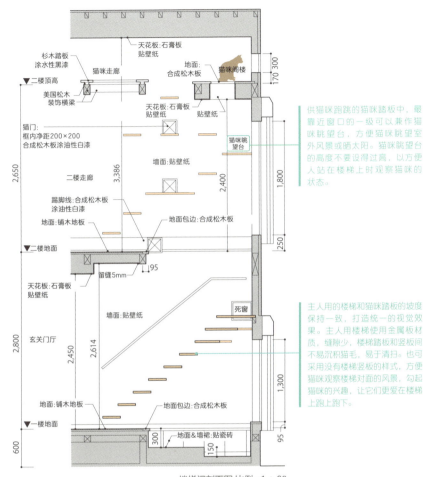

楼梯间剖面图 比例=1:60

供猫咪跑跳的猫咪踏板中，最靠近窗口的一级可以兼作猫咪眺望台，方便猫咪眺望室外风景或晒太阳。猫咪眺望台的高度不要设得过高，以方便人站在楼梯上时观察猫咪的状态。

主人用的楼梯和猫咪踏板的坡度保持一致，打造统一的视觉效果。主人用楼梯使用金属板材质，缝隙少，楼梯踏板和竖板间不易沉积猫毛，易于清扫。也可采用没有楼梯竖板的样式，方便猫咪观察楼梯对面的风景，勾起猫咪的兴趣，让它们更爱在楼梯上跑上跑下。

充分利用楼梯间等挑高区域，设置猫咪走廊和猫咪踏板，为猫咪打造复合型休息空间。

活用楼梯间打造猫咪走廊

挑高的楼梯间给人以视野开阔的感觉，不过人们大多只能利用楼梯间下半部分的空间，为此，可在墙面上部设置猫咪走廊，充分活用这部分闲置区域。下图中，猫咪可通过猫咪走廊和猫门自由出入楼梯间隔壁的儿童房、主卧和学习区。将窗帘盒设计得稍大一些，不仅可以兼作猫咪走廊，还能提升整体设计感。

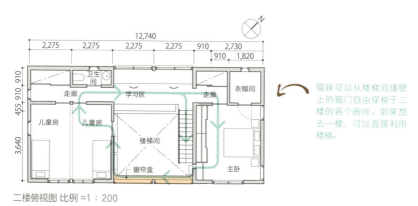

二楼俯视图 比例=1∶200

猫咪可以从楼梯间墙壁上的猫门自由穿梭于二楼的各个房间。如果想去一楼，可以直接利用楼梯。

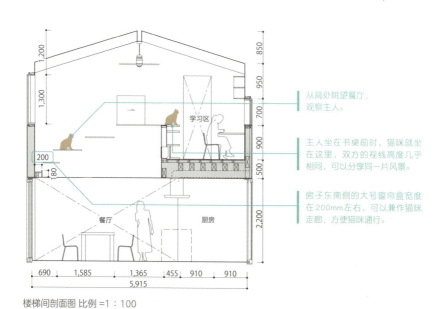

楼梯间剖面图 比例=1∶100

从高处眺望餐厅，观察主人。

主人坐在书桌前时，猫咪就坐在这里，双方的视线高度几乎相同，可以分享同一片风景。

房子东南侧的大号窗帘盒宽度在200mm左右，可以兼作猫咪走廊，方便猫咪通行。

从学习区眺望楼梯间。猫咪卧在学习区的收纳架上,可以远眺室外风景。

左图:猫咪走廊采用实木材料,与门框、窗棂、地板同色,营造清爽统一的装饰效果。

右图:在主卧和楼梯间之间,设置专供猫咪使用的猫门,直径为220mm。这只猫咪喜欢从这里俯瞰楼下的餐厅。

猫咪走廊和家具的有机结合

将家具与猫咪走廊结合在一起，不仅能让猫咪熟悉家中的每一个角落，还更具设计感。如图所示，将悬挂式收纳架与猫咪走廊相结合，人与猫咪均可利用。客厅四周墙面上的猫咪走廊，使猫咪可以心情愉悦地眺望整个客厅。

用金属螺栓将收纳架吊在天花板下，就可以不受墙壁的限制来规划猫咪走廊了，可以让设计更加灵活，能够根据具体情况改变高度。比如，室内供人通行的地方，可以把猫咪走廊设置得高一些。

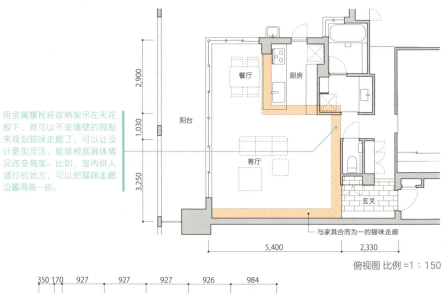

与家具合而为一的猫咪走廊

俯视图 比例 =1：150

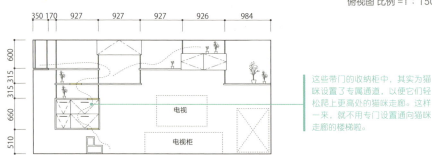

这些带门的收纳柜中，其实为猫咪设置了专属通道，以便它们轻松爬上更高处的猫咪走廊。这样一来，就不用专门设置通向猫咪走廊的楼梯啦。

正视图 比例 =1：80

上图：图片左侧看似普通的收纳柜，实际内藏了猫咪专属通道。

下图：与家具合而为一的猫咪走廊，延伸至厨房顶部，猫咪无法通行的空间，可用来收纳厨房用具和日常生活用品。

猫咪走廊③ 不仅要方便，还要好玩！

除了在安全方面有所保障，设计猫咪走廊时，对形状、安装位置和材质都有一定要求，这样才能成功勾起猫咪的好奇心，让它们乐在其中。

猫咪走廊的设置其实需要颇费一番心思，并不是随便装在某处墙角就可以。有时虽然看上去完美无缺，实际使用起来却会让猫咪感觉"哎哟，这个走起来不太舒服"或"唉，这东西好无聊哦"，可谓吃力不讨好。让我们看看具体需要注意哪些细节，才能为自家爱猫打造方便又好玩的猫咪走廊吧。

Part 2　营造一个让猫咪快乐且安心的生活空间……103

统一运用触感舒适的材质

猫咪走廊③

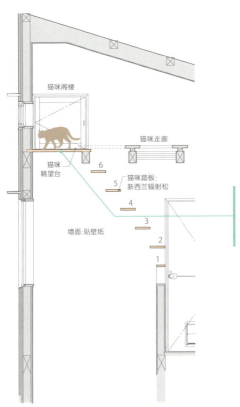

楼梯间剖面图 比例 =1：50

猫咪爪子上的肉球是非常敏感的，能够准确感受温度和物体表面的质感。倘若肉球感受到环境发生剧烈变化，可能导致猫咪踟蹰不前。因此，我们设置猫咪走廊和猫咪踏板时，既要让踏板位置富于变化，立体地活用室内空间，又要尽可能地使用让猫咪感觉舒适的材质。

新西兰辐射松这种木材质地较轻软，易于加工，不过也因此容易破损，使用时需要注意。如下图所示，建议在猫咪专用的眺望台上开一个圆形孔洞，供它们窥探眺望台下面的空间。

木材质地的猫咪走廊大概是最适宜猫咪的，不但不易打滑，触感也很舒适。图上的猫咪走廊就是用新西兰辐射松合成板制成的，缓冲好，触感温润，猫咪非常喜欢。

为猫咪营造快乐的空间

将猫咪走廊和猫咪踏板打造成好玩的游乐场，它们就自然会喜欢上那里。对猫咪来说，富有魅力的几个要素是：能远眺室外风景，能晒太阳，可以观察室内，有好吃的，可以在隐秘的小窝里睡大觉等。不妨将家里的各个区域都安装猫咪走廊和猫咪踏板，以便猫咪根据每时每刻的心情，选择合适的场所来观察这个家。

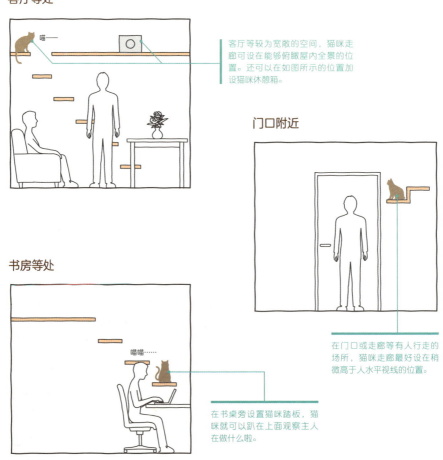

客厅等处

客厅等较为宽敞的空间，猫咪走廊可设在能够俯瞰屋内全景的位置。还可以在如图所示的位置加设猫咪休憩箱。

门口附近

在门口或走廊等有人行走的场所，猫咪走廊最好设在稍微高于人水平视线的位置。

书房等处

在书桌旁设置猫咪踏板，猫咪就可以趴在上面观察主人在做什么啦。

制造视觉死角，勾起猫咪的好奇心

即便我们前面做了那么多，猫咪却还是有可能很快对猫咪走廊感到腻烦，并因此积累精神压力。有时故意把猫咪走廊设在不那么恰当的位置，反而能勾起猫咪的好奇心。

遮挡水平方向的视线

在划分室内空间的墙壁上开孔，连通两侧的猫咪走廊，把各个房间连接起来，同时也可以制造出死角。如果开方孔，边长至少要有200mm。

沿着多转角的墙面铺设猫咪走廊，可以充分利用墙面的转角来制造走廊上的视觉死角。

遮挡垂直方向的视线

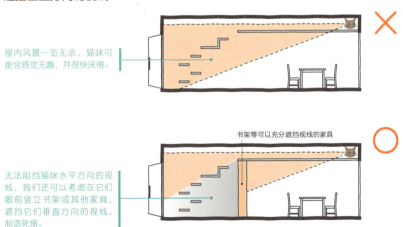

屋内风景一览无余，猫咪可能会感觉无趣，并很快厌倦。

书架等可以充分遮挡视线的家具

无法阻挡猫咪水平方向的视线，我们还可以考虑在它们眼前竖立书架或其他家具，遮挡它们垂直方向的视线，制造死角。

猫咪会根据心情选择所处的高度

在地板上玩耍，对猫咪来说可能不那么安心，因为不仅会随时被主人抓住脖子，还可能被不小心踢到。对猫咪来说，中意的活动高度至少要在主人腰部以上1m，猫咪走廊最好就设在这个高度。虽然通常我们很少在家中通道设置猫咪走廊，但如果条件允许在这里设了猫咪走廊，那么猫咪就可以以它们最喜欢的方式，和主人甚至主人家的狗狗等其他动物共享同一条通道啦。

[猫咪走廊+楼梯]

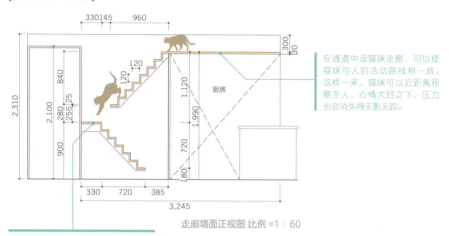

走廊墙面正视图 比例 =1∶60

在通道中设猫咪走廊，可以使猫咪与人的活动路线相一致。这样一来，猫咪可以近距离观察主人，心情大好之下，压力也会消失得无影无踪。

可以给通道中的猫咪走廊搭配折返式楼梯，楼梯的每一级台阶对猫咪来说都是不同的体验，猫咪可以根据当日的心情，来具体挑选所处的高度。

[箱式猫咪踏板]

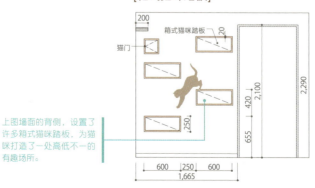

上图墙面的背侧，设置了许多箱式猫咪踏板，为猫咪打造了一处高低不一的有趣场所。

墙面正视图 比例 =1∶60

Part 2　营造一个让猫咪快乐且安心的生活空间……107

猫咪踏板间的直线最短距离应在 300mm 左右

猫咪走廊 ③

为了方便猫咪上下移动，交错设置的猫咪踏板，间距不能过窄或过宽，否则猫咪活动时会感觉非常不便。

如果想将箱式猫咪踏板兼作置物架使用，那么需要预先考虑好踏板的荷重，以及猫咪跳跃时带来的冲击力。踏板应牢牢固定在墙筋或墙板内埋设的横木上。

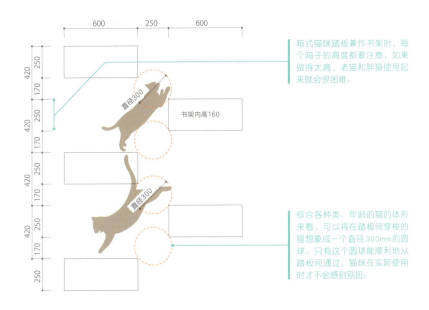

箱式猫咪踏板兼作书架时，每个箱子的高度都要注意，如果做得太高，老猫和胖猫使用起来就会很困难。

综合各种类、年龄的猫的体形来看，可以将在踏板间穿梭的猫想象成一个直径300mm的圆球。只有这个圆球能顺利地从踏板间通过，猫咪在实际使用时才不会感到别扭。

猫爬架上圆形踏板直径要超过 400mm

市面上贩售的圆板猫爬架，踏板直径一般为 300mm，这个尺寸对猫咪的上下移动来说，其实过于狭窄了。好不容易买回来装好，猫咪不爱使用的话就太可惜了。因此，为了保证猫咪移动时的舒适度，最好选用踏板直径超过 400mm 的猫爬架。

猫咪很喜欢在猫爬架这种垂直构造的物体上留下自己的痕迹。因此最好将支柱缠上麻布或绳子，以应对未来可能出现的爪痕。

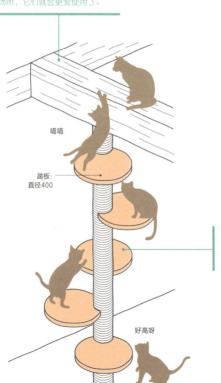

如果猫爬架顶部能连通猫咪走廊等供猫咪放松休息和尽情奔跑的场所，它们就会更爱使用了。

喵喵

踏板：
直径400

好高呀

若是圆形踏板，建议直径在 400mm 以上。若是半圆形踏板，则长度至少要有 300mm，进深也至少要有 200mm。上下踏板间的直线最短距离，依旧要留够 300mm。

Part 2 营造一个让猫咪快乐且安心的生活空间……109

将收纳柜变成猫咪的秘密基地

将收纳柜与猫咪走廊连通，就相当于为猫咪增加了一个秘密基地。不仅能供猫咪在收纳柜中上下左右随意乱窜，增加它们的运动量，还能让它们在柜子深处安心地睡上一觉。

猫咪走廊 ③

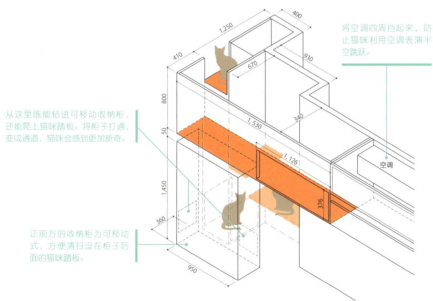

将空调四周挡起来，防止猫咪利用空调表演半空跳跃。

从这里既能钻进可移动收纳柜，还能爬上猫咪踏板。将柜子打通，变成通道，猫咪会感到更加新奇。

正前方的收纳柜为可移动式，方便清扫设在柜子后面的猫咪踏板。

空调

猫咪踏板顶端连接着猫咪走廊，猫咪可以沿走廊跑到屋子的每个角落。为防止猫咪失足滑落，猫咪走廊最好不要涂漆。

猫咪玩得尽兴，主人看着舒心

除了木材，钢板等便于把握厚度、拥有一定设计感的材料也能用来制作猫咪走廊。不过，直接使用钢板，猫咪容易足底打滑，发生高空坠落等事故。建议镀上防滑涂料，不仅实用，外观还会别有一番特色。

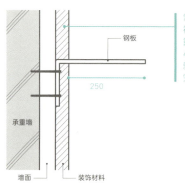

常出现在主人视野范围内的猫咪走廊，可先固定在裸墙上，再用墙面装饰材料盖住固定用的部分，只露出水平的走廊，看上去简单清爽。钢板厚度在4mm左右，虽然比较薄，但只要用螺栓牢牢固定住就不容易弯折，承重性强，一两只猫咪在上面玩耍完全没问题。

倘若让猫咪自由地在天花板内部四处乱跑，一旦遇到危险，主人很难搭救。为此，需要把猫咪的活动范围限定在我们可控的地方。如下图所示，在天花板上的猫门之间连上塑料管，猫咪只能从管内通过。塑料管可定期拆除清洗，易于保持清洁。

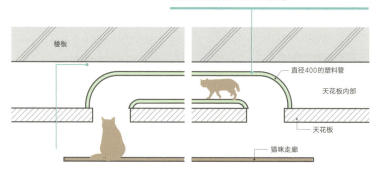

在天花板内部设置猫咪专用通道。猫咪站在猫咪走廊上，就可以通过开在天花板上的猫门轻松进入这些通道。天花板内部光线较暗，主人伸手也不容易够到，是个非常适合猫咪休息放松的场所。

上图：把猫咪走廊设在餐厅的装饰墙上，无论上面有没有猫都赏心悦目。

下左图：天花板内部开的猫门，边框采用古典风格的画框，配上猫咪可爱的脸，就是一幅天然的美术品。

下右图：猫门与一旁单纯用作装饰的天花板画框。

猫咪走廊 ④ 喂养多只喵星人一点都不难

如果家中饲养着多只猫咪，如何设置猫咪走廊，才能避免猫咪们"狭路相逢"时发生摩擦呢？

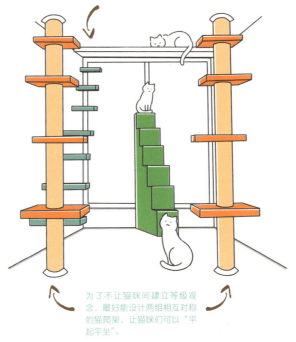

保证猫咪踏板上的空间足够两只猫擦身而过。

为了不让猫咪间建立等级观念，最好能设计两组相互对称的猫爬架，让猫咪们可以"平起平坐"。

倘若家里饲养着三只以上的猫咪，就会构成一个小小的"猫咪社会"，处理不好猫咪的生活空间与内部关系，会导致猫咪之间发生矛盾，使磨爪和喷洒尿液等行为发生得更加频繁。要为猫咪们建立和谐的共处关系，首先需要我们尊重猫咪喜爱独处的基本习性，为它们创造能够顺利地避开冲突的生活空间。

为处于弱势的猫咪营造毫无压力的生活氛围

猫咪走廊 ④

处在"猫咪社会底层"的弱势猫咪，通常会为寻找自己的居所，慌不择路地躲进不够干净的狭窄空间。建议在楼梯间或墙面顶部等可以俯瞰主人状态的高处，多设置一些突出的猫咪踏板，让猫咪们全都各得其所，保证它们的身心健康。

设置能从多个位置和方向俯瞰下方的猫咪踏板，不仅能减少多只猫咪间的冲突，还能让猫咪们对室内环境时刻保持新奇感。

猫咪踏板也是重要的居所

设置比标准尺寸稍大一些的猫咪踏板，在室内增添猫咪们俯瞰风景的据点，会成为猫咪重要的居所。对于饲养着多只猫咪的家庭来说，这样做可以让那些没能当上"老大"的猫咪找到自己的小窝，并由此感到安心又放松。

踏板间距在380mm左右为佳。踏板选择厚25mm以上的合成板，承重性强，即便多只猫咪爬上去也不会坍塌。

装饰横梁　猫咪走廊

380

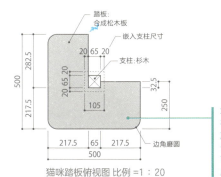

踏板：合成松木板
嵌入支柱尺寸
支柱：杉木
边角磨圆

猫咪踏板俯视图 比例 =1：20

将边长为500mm的方形板裁去四分之一用作踏板，固定在支柱上，每铺一层便将踏板旋转90°，如此便可制成旋转楼梯式猫爬架，猫爬架顶端连通猫咪走廊。不过对于一些还不适应垂直攀爬的猫咪来说，想爬上这个架子可能有些吃力，因此最好在猫咪走廊另一端设置一个难度更低的猫爬架。

即便狭路相逢也能避开冲突的生活空间

在和同伴发生争执前,猫咪们往往会找机会躲开。根据这种独特的生活习性,建议在猫咪们常活动的地方增设猫咪踏板。很快,猫咪们就能学会通过"谦让"来避免冲突啦。

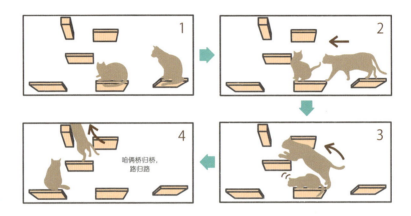

S形猫咪走廊

要让家里小小的猫咪社会维持和谐,最重要的一点,是为猫咪们设计出多条活动路线,不让它们有直接冲突的机会。将猫咪走廊设计为S形,既能避免猫咪在上面飞奔,又能给它们充裕的时间避开迎面而来的对手。

错落有致的平行猫咪走廊

同时设置两条上下平行的通路,以便猫咪给同伴让路。这种让路方式其实很符合猫咪的习性,猫咪很快就能学会。

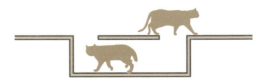

Part 2 营造一个让猫咪快乐且安心的生活空间 115

用圆盘式猫咪走廊增加猫咪活动空间

猫咪走廊 ④

在有限的室内空间中设置圆形猫咪走廊有很多好处。一是圆形足够新奇有趣，可以满足猫咪与生俱来的探索欲。二是圆形可以在充分利用空间的同时，又不产生视觉上的压抑感，美观大方。有了复杂多样的活动线路，处于弱势的猫咪们就能摆脱"猫老大"的阴影，畅快玩耍啦。

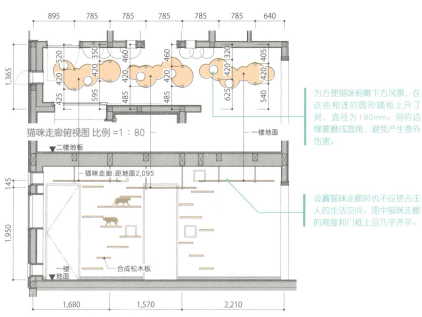

猫咪走廊俯视图 比例=1∶80

猫咪走廊正视剖面图 比例=1∶80

为方便猫咪俯瞰下方风景，在这些相连的圆形踏板上开了洞，直径为190mm。洞的边缘要磨成圆角，避免产生意外伤害。

设置猫咪走廊时也不应挤占主人的生活空间。图中猫咪走廊的高度和门框上沿几乎齐平。

采用圆形设计的猫咪走廊，可以充分调动起猫咪的好奇心，并且能够在不显得压抑的前提下将空间利用最大化，让猫咪都惊叹：哎呀，原来家里这么大！

同时饲养猫和狗

同时饲养喵星人与汪星人需要注意什么？

如果家里先养的狗狗，再饲养猫咪，它们之间就不容易发生冲突。但是不管怎么说，猫咪与狗狗总有许多不同的天性，想要一同饲养，得先充分地了解它们。

一般而言，大型犬比小型犬更容易与猫咪和谐相处。

将猫咪和狗狗完全分开饲养，反而会导致它们之间关系生疏，使它们更容易积累精神压力。

如果是出生后就生活在一起，猫咪和狗狗通常会相处得十分融洽。但如果有一方是后来才加入的话，则可能引发冲突。打算同时饲养狗狗和猫咪的话，建议先饲养狗狗，它们群居意识较强，比较容易接纳同伴（如猫咪）。反过来，如果先饲养了猫咪，设置猫咪居所时就需要花一些心思，比如，专门规划一两个只有猫咪能进入的房间，或是在客厅等房间的高处设计一些狗狗无法触及的猫咪居所。

巧设狗狗和猫咪的进食区

同时饲养猫和狗

狗狗与猫咪的进食方式差别很大。狗狗通常一口气吃光，而猫咪会吃一部分剩一部分。当狗狗看到猫咪吃剩的食物，会以为这些也是为自己准备的，于是一并吃掉。因此，最好不要让狗狗靠近猫咪的用餐区域。一般而言，狗狗喜欢在平坦开阔的空间活动，而猫咪喜欢立体地使用生活空间，我们可以充分活用这两种生活习性，把狗狗的进食区设在地板附近，将猫咪的进食区规划在不容易被狗狗发现的搁板或架子上。

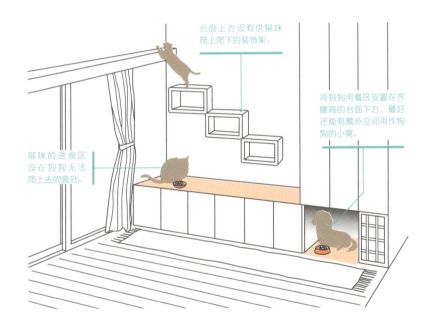

台面上方设有供猫咪爬上爬下的装饰架。

将狗狗用餐区安置在齐腰高的台面下方，最好还能有额外空间用作狗狗的小窝。

猫咪的进食区设在狗狗无法爬上去的高处。

猫粮真的美味吗？

猫咪身体所需的营养与狗狗所需的并不完全一样，这是因为猫咪的祖先是肉食动物，而狗狗的祖先则是杂食动物。因此，猫粮和狗粮所含的营养成分也各不相同。不过，猫粮中富含的动物蛋白和脂肪，对狗狗来说同样很有吸引力。为了避免狗狗看见猫粮，和猫咪争抢食物，建议让狗狗的进食区远离猫咪用餐的场所。

别让你家的猫太吵了

猫咪喜欢去高处眺望风景或开拓新领地,因此,建议将猫咪走廊设在室内较高的地方,引导猫咪利用猫咪走廊进行玩耍。否则,猫咪会擅自利用高高的收纳类家具,把它们当成猫咪走廊。并且,由于没有合适的阶梯,它们会从高处直接跳到桌面等地方。这种跳跃表演不仅非常危险,还会惊扰屋内上了年纪的猫咪和狗狗,使它们暗暗觉得"客厅=会突然发出巨大声响的吵闹场所",从此再也不去那里。

猫咪想从高处下来时,会先寻找合适的路线。如果没有楼梯可供使用,它们就只能选择飞身跃下了。这样一来,就会弄出很大的声响,吓得狗狗不知所措。

如果猫咪在高处能看到合适的走廊或楼梯,就会自觉地使用它们。为此,可以在显眼的地方设置猫咪走廊,对猫咪的行动路线加以引导,防止它们擅自飞扑而下,惊扰同伴或狗狗,为家里的喵星人和汪星人营造出安稳舒适的生活氛围。

Part 2　营造一个让猫咪快乐且安心的生活空间……………119

猫咪和狗狗的居所要上下有别

猫咪喜欢立体式地利用属于自己的空间，而狗狗喜欢在开阔的平面上活动。我们可以活用这两种习性，在天花板附近等室内较高的位置设置猫咪的活动区域，把地板附近规划为狗狗的活动区域，确保双方拥有互不干扰的专属空间，以及彼此都能使用的公共空间，让它们保持适当的距离，和谐共处。

同时饲养猫和狗

图片右侧是连接玄关与客厅的区域，设有推拉门。门后是狗狗专区，门上的区域则是猫咪专区。在推拉门的门板上加设可拆卸式猫咪踏板，方便猫咪随时回到自己的生活区域。

俯视图 比例=1：150

在厨房收纳柜的上层设置"猫咪午睡区"，充分利用闲置空间，也便于猫咪眺望客厅、厨房和餐厅的风景。

在檐廊一侧设置猫咪踏板或猫咪走廊，并与"猫咪午睡区"相连。猫咪走廊下部的空间则规划为狗狗厕所，以保证喵星人和汪星人互不干扰。

猫窝

让猫咪安心入睡的诀窍

准备几个材质不一样的猫窝吧。
将猫窝设置在较高处，或是做成封闭式的，
对猫咪来说就像是有了一个秘密基地，它们会非常安心的。

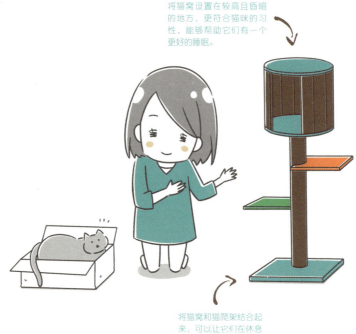

将猫窝设置在较高且昏暗的地方，更符合猫咪的习性，能够帮助它们有一个更好的睡眠。

将猫窝和猫爬架结合起来，可以让它们在休息前后舒展一下筋骨。

猫咪是不会在一个固定地方睡觉的，每次都会依照自己的心情决定要睡在哪里。在猫咪活动空间相对较小的住宅中，将猫咪的喜好纳入设置猫窝的考虑范围，也是一件重要的事。比如，结合时间、季节，分别在符合位置高、视野好、阳光直射、温暖舒适、幽暗且安静这些条件的地方设置猫窝，让猫咪能够根据自己的心情自由选择。

Part 2　营造一个让猫咪快乐且安心的生活空间•••••••••121

猫窝

高处做开放式，低处做封闭式

根据设置高度的不同，猫窝的材质和形状可以稍作改变。如果设置在猫咪走廊等较高处，最好选择开放式猫窝，以便紧急时能够快速把猫咪抱下。相反，在位置较低的情况下，最好设置成封闭或半封闭式猫窝。将较低位置的猫窝和长凳或电视柜之类的家具结合在一起，也不失为一种好方法。

位置较高的猫窝

首先要保证设置猫窝的地方至少有300mm宽。选定合适的地点后，可以直接买一个成品猫窝放上去，这样就已经足够舒服啦。

位置较低的猫窝

如果设置在低处，为了让猫咪能安心睡觉，建议选择封闭或半封闭式的猫窝。将猫窝设置在箱式长椅下方，会让猫咪有一种被主人保护在身下的安心感，不失为一个好的选择。当猫咪身体不舒服的时候，可能会缩在猫窝里不愿出来。因此，如果想采用全封闭式猫窝的话，尽量要选择顶部可拆卸的款式。

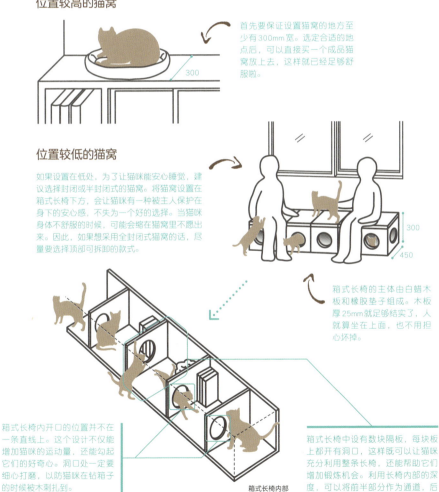

箱式长椅的主体由白蜡木板和橡胶垫子组成。木板厚25mm就足够结实了，人就算坐在上面，也不用担心坏掉。

箱式长椅内开口的位置并不在一条直线上。这个设计不仅能增加猫咪的运动量，还能勾起它们的好奇心。洞口处一定要细心打磨，以防猫咪在钻箱子的时候被木刺扎到。

箱式长椅中设有数块隔板，每块板上都开有洞口，这样既可以让猫咪充分利用整条长椅，还能帮助它们增加锻炼机会。利用长椅内部的深度，可以将前半部分作为通道，后半部分作为收纳使用。

箱式长椅内部

有效利用天花板的空间设置猫窝

猫咪有喜欢高处、狭窄处的习性。"悬空格栅猫窝"很好地满足了这两种特性。在天花板附近悬挂用杉木条做成的格栅,猫咪趴在格栅上,透过木条间的缝隙观察下方,会产生和埋伏狩猎时一样刺激激动的心情。同时,坚固的格栅设计还能给它们以安全感,让它们不必担心有外敌来犯。

猫咪不仅能在悬空格栅上运动玩耍,还能趴在上面边放空自己边观察从自己身下通过的主人。格栅每个木条间只留60mm的空隙,这样即便猫咪在上面奔跑也不用担心它们失足跌落。主人还能透过缝隙观察垂下来的尾巴和猫爪上可爱的肉球呢。

将猫咪踏板、猫抓柱和主人用楼梯等全都连通至悬空格栅,可以有效防止关系不融洽的猫咪们狭路相逢。

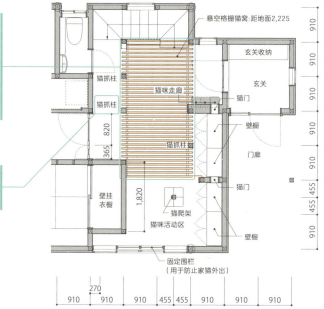

悬空格栅猫窝俯视图 比例=1:100

在几种帮助猫咪抵达高处空间的路径中,猫抓柱可以说是最节约空间的一种了。不过,如果家中有不方便攀爬猫抓柱的猫咪,最好还是设置一些猫咪踏板。

上图：格栅猫窝不仅可以让猫咪从各种角度眺望下面的风景，主人也可以随时确认猫咪在哪个位置，非常方便。

下图：格栅猫窝通风性能良好，即便室内湿热，猫咪也能睡得清爽。

用了这一招，楼梯瞬间变猫窝

没有竖板的踏板式楼梯，每一级踏板都很容易成为猫咪的据点。因此，在设计踏板式楼梯的转角时，我们可以用正方形的整板代替三角形的半板，为猫咪开拓一个上下左右都有防护的安心居所。

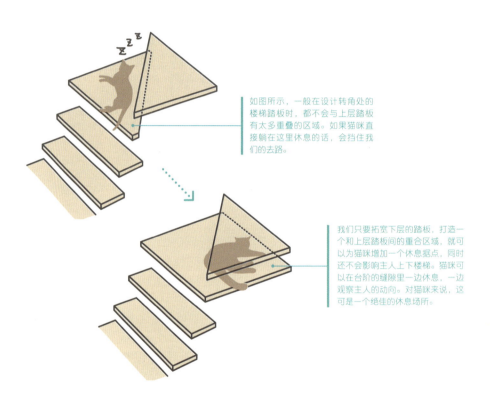

如图所示，一般在设计转角处的楼梯踏板时，都不会与上层踏板有太多重叠的区域。如果猫咪直接躺在这里休息的话，会挡住我们的去路。

我们只要拓宽下层的踏板，打造一个和上层踏板间的重合区域，就可以为猫咪增加一个休息据点，同时还不会影响主人上下楼梯。猫咪可以在台阶的缝隙里一边休息，一边观察主人的动向。对猫咪来说，这可是一个绝佳的休息场所。

使用连通二楼起居室的楼梯，为猫咪打造了一个休息场所。这里不仅能观察楼梯下的动静，通风还很好，适合猫咪休息。

二楼俯视图 比例 =1 : 150

上图：从客厅仰望台阶。台阶踏板的每一级都可以作为猫咪的休息区使用。而能够俯瞰下方的台阶上层部分，尤其受猫咪喜欢。

下图：将客厅窗台的高度和沙发靠背的高度统一，让猫咪更容易透过窗户眺望窗外景色。另外，这么一来，沙发靠背上方也会成为猫咪钟爱的休息区。

打造冬暖夏凉的猫咪休息区

因为猫咪的体形很小，所以比人类对冷热更加敏感。夏天最好能有一处通风良好、温度较低的空间供猫咪避暑，比如规划一块地面铺上瓷砖；冬天则可以在猫窝边放上热水袋等取暖用品。不过得注意不要让猫咪长期睡在上面导致高温烫伤。

夏天……
凉飕飕
选择通风良好的地方，以瓷砖等清凉的材料打造。

冬天……
暖暖哒
冬天要让猫窝远离窗边，躲避窗缝渗入的冷空气。

也要将宠物箱作为常用猫窝之一

宠物箱是带猫咪去宠物医院或躲避地震等自然灾害的必备物品，但猫咪们往往不愿乖乖钻进去。为了能够让猫咪更加熟悉、喜欢宠物箱，我们不能把宠物箱锁在柜子里，而是要将它作为猫咪的猫窝之一，放在外面随时对猫咪开放。

将宠物箱放在收纳柜下方，方便猫咪随时使用。日常使用充分的话，箱子里会沾上猫咪的体味，令它们在面对特殊情况时感到安心。

Part 2　营造一个让猫咪快乐且安心的生活空间......127

专栏

从睡姿了解猫咪的放松度和体感温度

猫咪的一天大概有三分之二的时间都在睡觉。在这之中，几乎都是眼动式浅睡眠，熟睡的时间非常少。不过，对于没有外敌的家猫来说，熟睡时间相较于野生猫咪要长很多。通过了解猫咪的睡姿，能够知道猫窝是不是真的让猫咪得到了足够的放松。

团子式

寒冷的时候，为了维持体温，猫咪会蜷缩成一团睡觉。这就是"团子式"。用尾巴把鼻子遮起来，可以通过呼吸，保持恒定的温度。在灯光太亮的情况下，也有猫咪会用前爪遮住眼睛。另外，猫咪在保持警戒的时候，也会将身体蜷缩成一团睡觉，这样可以保护它们最大的弱点——肚子。

（警戒 or 觉得冷　刚刚好　放松　毫无防备 or 觉得热）

侧卧式

身体一侧紧贴地面，前后脚呈放射状伸开。当摆出这个姿势，就代表猫咪的体感温度不热也不冷，刚刚好。虽然不如将肚子露出来睡觉的状态安心，但总的来说这时猫咪还是很放松的。警戒心强的猫咪会在侧卧时将头枕在前爪上，以便随时观察周围情况。头枕得越高，就表明它们对周遭环境越警惕。

揣小手式

揣着小手的猫咪看起来就像个小方盒子。将前脚折叠压在身体下面，意味着它们不能立刻逃跑，可见这时猫咪处在很放松的状态下。就连可能遭遇危险的野猫，偶尔也会放松地采取这种睡姿。

露肚皮式

只有被人饲养过的猫咪才会展现出的完全放松的睡姿。能够把脆弱的肚皮完整地露出来，代表它们感觉完全没有警戒的必要了。当房间的温度太高时，猫咪也会借由这个姿势，把身体展开散热。

猫厕所 ①

主人，我喜欢这样的厕所！

为了方便确认猫咪的排泄状况，
建议将猫厕所设置在随时能够看到的地方。
当然，前提是保证猫咪在那里能够放松地排泄。

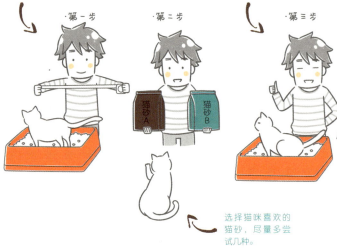

选择适合自家猫咪体形的厕所。

猫咪开始排泄就代表选择没有问题啦。记得猫咪排泄后要马上清理干净，保持盆内整洁。

选择猫咪喜欢的猫砂，尽量多尝试几种。

猫厕所最好设置在主人常经过的地方。这样一来，主人就能在日常生活中随时确认猫咪是否在厕所中排便了，清理也会更及时。猫咪通常比较爱干净，不喜欢久不清理的猫厕所。如果没有及时清扫，厕所变得很脏的话，猫咪可能会憋着不上厕所，从而造成泌尿系统疾病，或者在厕所以外的地方排泄，因此需要多加留意。

Part 2　营造一个让猫咪快乐且安心的生活空间……129

不寻常的行动中可能包含不满的信号

猫厕所①

通过观察猫咪的排泄行为，可以发现一定的规律，它们上厕所通常要经过这几个流程：①确认厕所的味道。②轻轻挖一个坑后蹲下来如厕。③用前爪将猫砂盖在自己的排泄物上，隐藏自己的味道。主人一定要保证自己打造的猫厕所可以让猫咪完成以上三个步骤。假如，猫咪在如厕时采取了不寻常的行动，可能是表示对厕所有什么不满。掌握了猫咪排泄的规律，我们才可以打造更好的猫厕所。抓挠厕所附近的墙壁和地板，也是猫咪对厕所不满的信号之一哦。

猫咪如厕时，我们全程都要避免打扰到它。如果猫咪在使用厕所的时候受到惊吓，会积累不必要的精神压力。

1

首先确认厕所的味道和状态，确认好后开始挖坑。便便的时候，会谨慎选择一个位置，然后将屁股对着厕所，摆好姿势准备开始。

猫咪偶尔会在如厕时将前后爪并拢在一起。

2

如厕的标准姿势：将背蜷缩起来，腹部发力。为了不弄脏屁屁周围，尾巴会翘得很高。

盖好猫砂之后，会再度确认有没有盖严实，如果盖得不满意，可能会再来一次。

3

一边确认便便的味道，一边细心地用前爪将便便盖在猫砂下。中途还会停下来，确认有没有哪里没有盖到。

猫咪喜欢的厕所是什么样的？

[厕所大小]

要根据猫咪的身体大小来选择厕所，要尽量保证猫咪可以在厕所中随意转身（长边的长度要在猫咪体长的1.5倍以上）。厕所外围的高度方面，要保证即便在猫咪如厕结束后拨弄猫砂时，猫砂也不会撒出。

最小尺寸为30cm×40cm

约为猫咪体长的1.5倍

夜间或者主人外出期间，厕所的清扫工作就会暂缓。为了让猫咪能够开心地上厕所，厕所的数量最好比猫咪数量多一个。

[厕所个数]

多设置几处厕所，猫砂也要放不同的种类，以便观察选出猫咪最喜欢的猫砂。

为了让猫咪感觉更自然，建议选用天然矿物类猫砂。砂的深度最低需要达到5cm。

5cm以上

[砂的种类]

猫咪都有自己喜欢的猫砂材料。市场上贩卖的猫砂更是形形色色，在知道自家爱猫喜欢什么样的猫砂之前，多尝试几种吧。

[形状]

猫厕所最好选用开放式（参考本书第185页），这样主人能够第一时间确认猫咪有没有排泄，以及排泄物是否正常。

厕所壁的高度，也要保证猫咪能够无障碍地出入。还可以随着猫咪年龄的增长和猫咪的健康状态变化，为它添置"无障碍通道"。

猫厕所放在哪里会让猫咪不高兴？

在东西杂乱堆放的地方设置厕所的话，猫咪可能会没办法放松地如厕。并且，主人打扫起来也是一大难题。尽量收拾出一个专门的区域，用来设置猫厕所会比较好，最好是在主人视线所及且不会过于开放的地方，类似于房间角落这种猫咪能够放松如厕之处。而且，猫咪是比较讨厌变化的动物，一旦决定了猫厕所的位置，只要没有发现它们表达不满，就尽量不要改变厕所的位置。

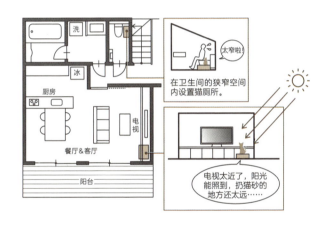

放在猫咪进食区附近

很久以前，猫咪的祖先是单独行动的动物。独居生活，是为了避免让敌人知道自己的位置。为了自身安全着想，猫咪会尽量将自己的味道消除。为此，要遵从猫咪的本能。进食区和猫厕所都会留下很重的味道，最好分开设置。主人的一点点关心，会让猫咪的压力大幅降低。

容易被盯着看的地方

F.L.U.T.D（猫类泌尿系统疾病）之类的疾病发生的原因之一，就是猫咪排便时被紧紧盯着，从而引起了排便困难。动物在被观察排便行为时，常常会觉得紧张不安。主人频繁观察猫咪如厕的话，可能会导致猫咪因为压力过大而尿频，它们的性格也可能会变得非常神经质。

猫厕所 ②
如何才能达到猫咪需要的安心与舒适程度呢？

在人能够轻松顾及到的地方设置猫厕所吧。
对于猫咪来说，
这会是营造安心、舒适的厕所的必要条件。

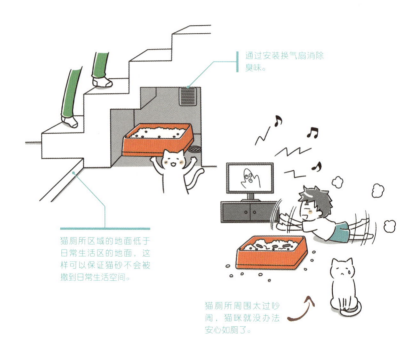

通过安装换气扇消除臭味。

猫厕所区域的地面低于日常生活区的地面，这样可以保证猫砂不会被撒到日常生活空间。

猫厕所周围太过吵闹，猫咪就没办法安心如厕了。

猫咪是爱干净的动物，也是非常适合和人一起生活的物种。但是，在掩藏排泄物的过程中，猫咪会习惯性地用爪子掀起猫砂，有时候用力过猛，会导致猫砂飞溅到猫砂盆以外的区域。打扫排泄物和飞溅出来的猫砂是一件辛苦的差事，改变猫厕所的位置，辛苦的差事也可以变得不再那么费力啦。让我们来学习一下各种各样的猫厕所的设置地点，将猫厕所设在猫咪和主人都喜欢的地方吧。

Part 2　营造一个让猫咪快乐且安心的生活空间……………133

猫厕所②

必须提前考虑好如何应对臭味

即便将排泄物处理干净了，即便使用的是除臭性很高的猫砂，猫厕所也必定会留下一些臭味。因此，需要注意空气流通的方向，将猫厕所设在不会影响室内空气质量的地方。

设在卫生间附近

一般来说，家中客厅、餐厅、厨房和各个卧室都会有进气口或窗户，以便新鲜空气进入。浴室和卫生间一般也会设有排气扇，排出浑浊的空气。在空气的排出口附近设置猫厕所，可以有效减少气味造成的影响。

新鲜空气会通过客厅、厨房等处的进气口或窗户进入屋内。很多时候，主人会因此倾向于把猫厕所设置在窗边或进气口旁。但是如果设在这里，随着空气的流动，异味会充满整个房间。所以，想将猫厕所放在客厅、餐厅、厨房等地的话，要尽量将它摆在靠近卫生间等排气口的地方。

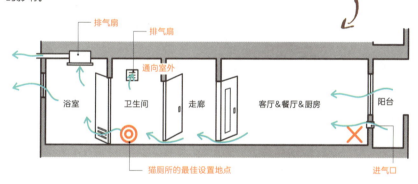

想将猫厕所设在屋子中心区域的话，记得开通一个通气口

如果贸然在走廊等屋子中心区域设置猫厕所，可能会导致整个空间充满猫厕所的味道，久而久之，就连墙纸也会沾染上气味。所以，需要在放置猫厕所的地方打通一个连接卫生间等排气口的通气口，加快臭味排出。

把猫厕所设在卫生间等有排气口的区域的隔壁时，可以在墙上打通一个通气口。由于臭气的主要成分氨气比空气轻，会在猫厕所的上空积累，所以通气口的位置要高于猫厕所。

将猫厕所设在卫生间里

想将猫厕所设在卫生间里,具备换气性良好、能时常清洁等好处。但是,为了让猫咪能够安心如厕,也为了卫生间的美观,将猫厕所设在收纳柜下这种不引人注目的地方会比较好。并且,猫厕所设在卫生间后,洗衣液和肥皂等最好全部收起来,以防猫咪误食,需要使用的时候拿出来即可。

为了让猫厕所的臭味不向上空飘散,必须安装一个专用的换气扇。猫用换气扇也能帮助消除人类排泄时所产生的异味。

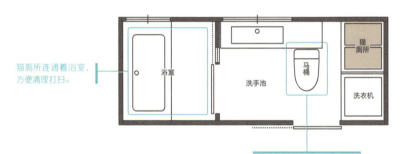

猫厕所连通着浴室,方便清理打扫。

想把猫厕所放在主人的卫生间里,要先确认空间是否充足。猫咪的排泄物可以放在卫生间马桶里直接冲走。

放在家具下面不显眼的地方,猫砂盆摆放地点靠近角落,周围要有充足的空间,让猫咪能够安心地如厕,打扫起来也比较方便。上层柜子里放好猫砂等厕所用的道具,以备不时之需。

将猫厕所和猫餐厅组合在一起

设置猫厕所时,如果将它与有饮水处的猫餐厅上下组合起来,既能有效节省空间,也能为猫咪创造一个全面高效的"猫咪生活间"。如果家中猫咪不止一只,那么前往猫咪生活间的路径也最好能有两种以上。如果只准备一种,通道一旦被一只猫咪占据,就会给其他猫咪造成压力。

猫厕所②

猫厕所与猫餐厅设置的地点都需要一定的防水措施。如果将它们组合到一起,就可以在装修时少做一处防水啦。

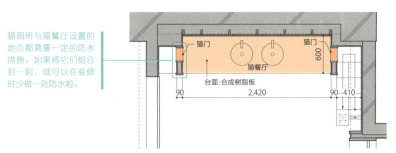

猫餐厅俯视图 比例=1:60

为了不让排泄物的味道影响生活,在猫厕所旁边设置二十四小时自动换气扇。

猫咪生活间正视图 比例=1:60

墙壁上开猫门,连通猫咪的饮水处。可以用木材给猫门做一个门框,这样既结实,又可以保护猫咪,避免它受伤。

在防水木地板下铺设合成树脂防水板,增加防水性能。猫咪生活间的地面比家中其他地方低5cm,这个设计既方便处理飞散的猫砂,也不会破坏室内美观。

专栏

种类繁多的猫砂

自从室内养猫开始成为日常,有除臭效果的、能够直接扔进马桶冲掉的等各种类型的猫砂便陆陆续续被研制了出来。有的猫咪除了自己喜欢的猫砂,别的概不接受;有的猫咪一旦用惯某种猫砂,就拒绝更换为别的猫砂。为此,更换新的猫砂后,建议观察猫咪的排便情况,确认猫咪是否真的喜欢这款猫砂。

种类	原料	简介	优点	除臭效果	能否丢入马桶	重量
矿物类	矿物黏土、膨润土等	最接近纯天然砂的触感。主要是由火山灰中的"膨润土"和矿物黏土组成,结团快。	结团快,方便清理。比较适合喜欢自然触感的猫咪。	有	不能	重
木材类	扁柏等木材的木屑	虽然没有纸屑轻便,但仍是吸水能力很好的猫砂。有柏木等木材的香味,具有一定的除臭效果。不太适合不喜欢木香味的人和猫。不同的产品结团性能不一,也有木材加矿物的混合产品。	容易碎成粉末。吸水能力突出,非常环保。	效果超群	能	比较轻
食品类	豆腐、玉米淀粉等	豆腐本身没有味道,可让小便很快凝结成块,对于除臭也有一定功效。根据种类的不同,有的也可以直接丢进马桶冲掉,非常方便。有颗粒比较小、单粒比较重的,也有颗粒中空、较为轻便的类型。	猫咪就算吃下去也没有关系。可以降解,可以直接丢进卫生间马桶冲掉。	有	能	重
硅胶类	硅胶	这类产品也被称作"水晶猫砂",适合配有筛子和托盘的猫厕所。因为它只吸收水分,并不结团,所以不像其他种类的猫砂一样需要频繁清理。	不用每次小便后都清理更换猫砂。	效果超群	不能	轻
纸类	纸浆、再生纸浆	因为原料是纸浆和再生纸浆,非常轻便,所以更换猫砂或购买新的猫砂时,搬运起来比较轻松。在猫咪小便过的位置会呈现出不同的颜色,方便清理。不同的产品结团性能不一,也有加入绿茶成分和香草等香料的种类。	吸水性能超群。能直接扔进卫生间马桶冲掉。如果选择白色的,就可以通过猫咪排泄物的颜色来判断猫咪的身体状况。	少许	能	轻

Part 3
你必须了解的猫咪百科

猫咪神奇的身体

猫咪对世界的感知和人类是存在巨大差异的。如果说，我们按照人类的习惯来照顾一只猫咪的话，实际上好心办错事的情况非常多。所以，这里先介绍一下猫咪不可思议的身体构造。如果你能多了解一点猫咪所感知的世界，应该也会对照顾猫咪、打造猫咪的小家有很多启发吧。为了自家所爱的猫咪生活得安心舒适，赶快储备一些有用的知识吧！

猫咪透视图——骨骼和内脏的构造

神奇的身体

猫的骨骼和猎豹等其他猫科动物基本是一样的。所有的结构都是为了能够更快地捕获猎物。当然除了四只脚以外，肩胛骨的朝向也和人类有非常大的不同。不过，它们的内脏结构和其他哺乳动物基本相同。

背椎和关节
猫咪的身体能够拉伸的关键在于，猫咪的骨头与骨头相连的关节可以像橡皮一样，从0.5mm拉伸到10mm左右。如果将背骨的所有关节都拉伸到最大，猫咪的体长能够变成原本的120%~130%。

肾脏
猫咪本来是在干燥地区生长繁殖的动物，习惯将水分储存在身体中，并减少水分排出，因此容易患上肾脏类疾病。一旦发现猫咪饮水量突然增加或食欲减退等症状，一定要及时就医。

肩胛骨
猫咪能够通过狭窄空间的秘密在于它们的肩胛骨的生长方向。人类的肩胛骨是横向架构，而猫咪则是纵向的，即使是狭小的洞穴，只要猫咪的脑袋能通过，那么肩部就一定能通过。

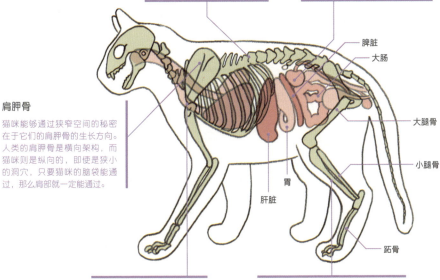

脾脏 / 大肠 / 大腿骨 / 小腿骨 / 胃 / 肝脏 / 跖骨

锁骨
和狗狗不同，猫咪的前爪不仅能够前后摆动，也可以左右摆动。因此，猫咪才可以灵活地挥出"左勾拳""右勾拳"。这都要归功于小小的锁骨。

脚
猫的后脚由大腿骨和小腿骨（由胫骨和腓骨组成）以及跖骨组成，呈S状排列。因为脚时常都是弯曲状态，不助跑也能跳往高处（人类想跳往高处，需要将膝盖弯起来，而猫咪一直都是弯曲状态，所以不管何时何地都能起跳）。

猫咪夜间视力良好的秘密

猫咪是晨昏性动物（指在清晨和黄昏时活动的动物），所以就算在暗处也能很好地看清周围。据说猫咪的夜视能力是人类的六倍以上。猫咪优秀的夜视能力，归功于它们特殊的眼角膜构造以及视觉细胞数量。

角膜的占比是人类的两倍

猫咪拥有优秀的夜视能力，其秘诀之一来自角膜。角膜的主要工作是聚光，更大的角膜会拥有更好的聚光性。在纤维膜（角膜和巩膜统称纤维膜）中，人类的眼角膜大小只占15%，而猫咪的眼角膜大概占纤维膜总大小的30%，所以在黑暗中，猫咪的眼睛能够更好地聚光，看清周围环境。

不擅长看近处的物体

猫咪和人类一样，在看远处物体时晶状体会拉伸变薄，反过来说，看近处的物体时晶状体会增厚缩小。晶状体的形状是通过"晶状体悬韧带"的伸缩进行调节的。平时我们眺望远处时，晶状体悬韧带会将晶状体拉伸变薄；看近处时，晶状体悬韧带会收缩。猫咪的晶状体悬韧带没有人类发达，所以不太能看清近处的物体。

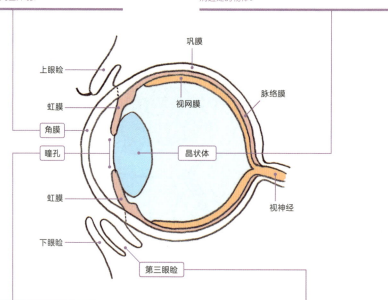

有时候会用瞳孔来表达心情

猫咪和人类都可以通过伸缩调节虹膜的大小，来决定眼部光线的通过量（明亮的地方将瞳孔缩小，暗处将瞳孔放大）。除了光线，情感波动对瞳孔的大小也会有所影响，通过这一点也可以了解猫咪的心情。当它们感到生气或恐惧时，即便是在白天，瞳孔也会放大。

第三眼睑可以彻底保护眼角膜

猫咪除了上下眼睑（眼皮）以外，还有一层"第三眼睑"。这是薄薄的半透明薄膜，存在于眼睑内侧，平时基本看不出来，在猫咪睡觉等闭上眼睛的时候会出现。功效和普通眼睑一样，通过开合眼睑，可以保持角膜湿润，去除角膜异物等。

和人类所看到的世界色彩迥异

视网膜作为将光传导给视神经的重要部件,大致可以分为感知明暗的"视杆细胞"和识别颜色的"视锥细胞"两种。猫咪和人类相比,视杆细胞的数量更多,在暗处能够更加清晰地看清周围。并且,猫咪的视锥细胞数量比人类要少,所以猫咪能够识别的颜色种类也更少。视锥细胞是负责识别光的三种原色——红、绿、蓝的细胞,人体内因为所含细胞种类齐全,所以能够正确识别所有颜色。而猫咪因为缺少识别红色的视锥细胞,所以只能够识别蓝和绿两种颜色范围内的物体。

通过明毯成倍吸收光线

视网膜的深处有叫作"明毯"的区域,可以用镜面反射的原理反射光线。光线通过视网膜在明毯上进行二次反射后,回到视网膜的视觉细胞(视杆细胞),因此即便很昏暗的光线,猫咪也能捕捉到。黑暗中猫咪的眼睛之所以会发光,就是明毯在反射光线。

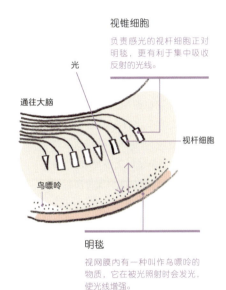

视锥细胞
负责感光的视杆细胞正对明毯,更有利于集中吸收反射的光线。

光
通往大脑
视杆细胞
鸟嘌呤
明毯
视网膜内有一种叫作鸟嘌呤的物质,它在被光照射时会发光,使光线增强。

比人类的视野更宽广

猫咪的眼睛比马等食草动物的眼睛更靠前,双眼视野重合范围能够达到130°左右,只要目标在这个范围内,猫咪就能大致通过目测判断目标与自身的距离,这在狩猎时可以增加捕获猎物的概率。如果算上不重合的视野范围,那么猫咪的总视野范围差不多有290°,而人类的总视野范围大概只有200°,所以说猫咪比人类能看到的区域更宽广。

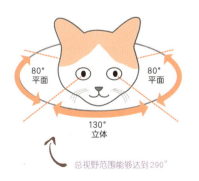

80° 平面 / 80° 平面 / 130° 立体
总视野范围能够达到290°

猫咪的嗅觉灵敏度居然是人类的20万倍!

猫咪和人类对气味的感知器官构成是一样的,都是通过鼻黏膜中的嗅觉细胞来感受气味,并将其转换为电子信号传达给大脑。但有研究称,由于猫咪和人类的嗅觉感知细胞数量大不相同,导致猫咪的嗅觉灵敏度几乎是人类的20万~30万倍。

猫咪的鼻黏膜面积很大

比起人类,猫咪的鼻子相对于面部更加突出,因此被称作"嗅觉上皮"的鼻黏膜的面积也比人类的要大得多。人类的嗅觉上皮面积为3~4cm^2,而猫咪的则达到21cm^2。嗅觉细胞就分布于嗅觉上皮中。人类大概拥有500万个嗅觉细胞,而猫咪则拥有6000万~7000万个。由于猫咪的嗅觉比人类灵敏太多,所以平时一定要注意避免猫咪讨厌的味道,比如某些香水或香薰剂。

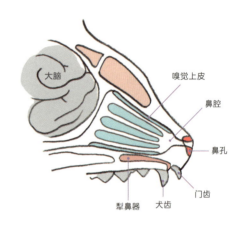

为什么猫咪总半张着嘴巴?

猫咪上颚中有一对名为"犁鼻器"的袋状器官,只要将这个器官暴露在空气中,就可以很容易地感知到信息素(动物分泌出的一种可以传递信息的物质)。而猫咪之所以半张着嘴巴,露出搞怪一样的表情,就是因为它们对信息素产生了反应。这种反应叫作"裂唇嗅反应"。

猫咪鼻头的面积比脸还大

猫咪T字形的鼻头表面凹凸不平。这些凹凸实际上增加了鼻头的总面积,使猫咪可以更好地吸附气味、收集信息素。

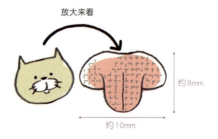

Part 3　你必须了解的猫咪百科 ············143

猫的舌头不只可以用来尝味道

神奇的身体

猫咪的舌头上有很多突出的"小刺"，它们叫作"丝状乳头"。除了能将猎物的肉从骨头上剥离，在喝水的时候将水送进嘴里外，它们对猫咪来说还有一个重要的功效，就是在梳毛的时候被用来代替毛刷。

将肉剥离

对于只吃宠物食品的家猫来说，将舌头作为剥肉器使用的情况很少。如果遇到紧贴骨头的肉，猫咪的舌头可以像餐叉一样将它们轻松剥离。

代替毛刷使用

只要一有空闲，猫咪就会用舌头整理自己的毛。舌头不仅能让被舔掉的猫毛不乱飞，还可以清理沾在身体上的脏东西。

喝水

狗狗的舌头在喝水时会卷起来，从而将水送进嘴里。而猫咪则是通过舌面上突起的丝状乳头将水带入嘴中。

梳理猫毛既能使猫咪全身的感觉更敏锐，还能起到调节身体温度的作用。另外，这样做也能帮助猫咪冷静下来（这也是动物身上普遍存在的一种自然行为，通称为"替代活动"）。

猫咪有味觉吗？

猫咪有非常优秀的嗅觉来判断食物的状态，但是舌头表面的味觉细胞数量却还不到人类的10%，所以说猫咪对味道不是非常敏感。不过和人类一样，猫咪也是用舌头的不同区域来感知苦味、酸味等不同的味道。

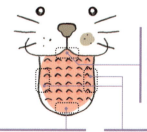

苦味

最接近喉咙的部位能够感受到苦味，为了不吃下有毒的食物，猫咪的苦味感知非常发达。

甜味、咸味等

舌头的尖端是用来感受甜味和咸味的，不过比较迟钝。因为对于猫咪来说，食物能不能吃才是最重要的，所以味觉器官并不算发达。

酸味

舌头的左右部位能够感受酸味，为了区别食物是否腐坏，猫咪对酸味的感知也很敏感。

顺风耳？猫咪擅长捕捉高音域

猫咪比人类能听到的声音范围更广，人类能听到的最高频率约2万赫兹，猫咪却能够听到6.5万赫兹的声音，是人类的三倍以上。而老鼠和虫子平时发出的声音正好就处于这个音域中，猫咪因此可以较为轻松地捕捉到老鼠等猎物。猫咪耳朵的构造和人类一样，大致可以分为外耳、中耳、内耳三个部分，不过其中的神经却比人类要多，大概有4万条（人类大概有3万条），并且因为猫咪用来收集声音的"耳郭"肌肉很发达，所以听力要比人类优秀得多。

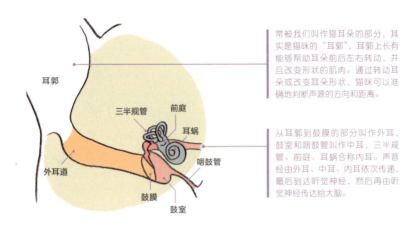

常被我们叫作猫耳朵的部分，其实是猫咪的"耳郭"，耳郭上长有能够帮助耳朵前后左右转动，并且改变形状的肌肉。通过转动耳朵或改变耳朵形状，猫咪可以准确地判断声源的方向和距离。

从耳郭到鼓膜的部分叫作外耳，鼓室和咽鼓管叫作中耳，三半规管、前庭、耳蜗合称内耳。声音经由外耳、中耳、内耳依次传递，最后到达听觉神经，然后再由听觉神经传达给大脑。

又长又粗！猫咪敏感胡须的秘密

猫咪胡须的根部有很多神经细胞。所以，借助敏感的胡须，猫咪能够精准判断物体或气流中的各种信息。比如，是否能平安通过狭窄的地方，或是现在风向如何，等等。

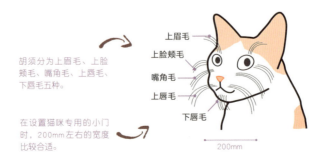

胡须分为上眉毛、上脸颊毛、嘴角毛、上唇毛、下唇毛五种。

在设置猫咪专用的小门时，200mm左右的宽度比较合适。

Part 3　你必须了解的猫咪百科······145

神奇的身体

猫咪的肉球其实有很多作用

猫咪肉球部分的皮肤是全身最厚实的，主要作用在于吸收猫咪从高处跳下时的冲击力，以及消除平时走路的脚步声。肉球也是猫咪身体中唯一的汗腺所在。不仅能排汗帮助猫咪标注领地范围，还能利用汗水来防滑。

猫咪的前肢（前脚）除指球和掌球外，还有类似于人类的拇指结构。而后肢（后脚）则仅由四个指球和一个掌球组成。

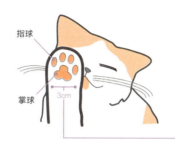

猫咪肉球覆盖的脚掌宽度在3cm左右，从理论上来说，只要有肉球区域踩的地方，猫咪都能平稳通过。当然，这也受猫咪年龄或具体身体状况影响。在设计猫咪走廊等的时候，要仔细考虑踏板等的宽度，以保证猫咪行走的安全。

只在使用的时候才会显露！伸缩型指甲

猫咪的指甲一般藏在脚掌里的毛团中，只在需要磨爪或者打架、追捕猎物时才会露出来。平时都是放松肌肉的状态，一旦收紧肌肉，爪子就会"弹"出来。

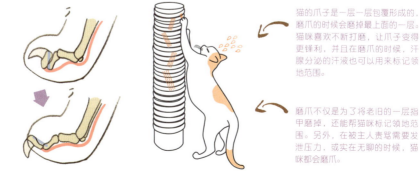

猫的爪子是一层一层包覆形成的，磨爪的时候会磨掉最上面的一层。猫咪喜欢不断打磨，让爪子变得更锋利，并且在磨爪的时候，汗腺分泌的汗液也可以用来标记领地范围。

磨爪不仅是为了将老旧的一层指甲磨掉，还能帮猫咪标记领地范围。另外，在被主人责骂需要发泄压力，或实在无聊的时候，猫咪都会磨爪。

猫咪超常的身体素质

虽然一天的大部分时间里猫咪都在睡觉，看起来非常懒散，但其实它们具备非常优秀的运动能力和敏锐的感知能力。尽管已经被人类驯化了很多，但有时候还是和猎手一样机警敏捷。猫咪的弹跳和平衡能力很强，迅速奔跑的姿态也属完美。不过要注意，猫咪不是对什么突发情况都能迅速做出反应，还是尽量将家里收拾得安全宜居一些吧。

Part 3　你必须了解的猫咪百科••••••••••••••147

猫咪之所以能稳居高处，全得益于它们的运动能力

身体素质

爆发力超群

猫咪拥有卓越的爆发力，能够在不助跑的情况下跃向大约有自身5倍高度的地方。猫咪的平均身高大概是30cm，而据说它们的跳跃高度极限是150cm左右。猫咪奔跑的速度也非常快，最高时速能够达到50km。

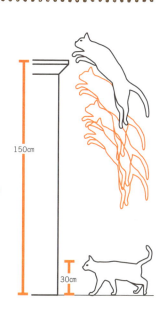

对于猫咪来说，最具魅力的空间，与其说取决于"宽度"，不如说取决于"高度"。猫咪非常喜欢在高处上下移动，因此我们可以增加登高玩具的数量，并在家具设计上多花一些心思，将家里打造成适合猫咪活动的立体空间。

超高的着陆技巧

猫咪的着陆技巧也非常超群，这取决于它们的半规管和柔软的骨头。万一猫咪从高处失足滑落，它们可以在空中调整姿势直至平安落地。虽说猫咪的运动能力非常优秀，却也不是没有从高处掉落摔伤的例子。因此，要在公寓阳台处做好必要的防护措施。此外，如果猫咪太胖，也会给平安着陆带来困难。

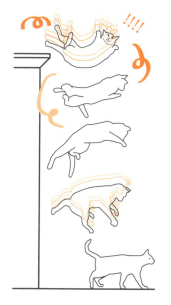

背身跌落时，需要在空中调整身体的角度。如果是从1m以下的高度掉下来，很容易因为来不及调整姿势，导致背部直接砸在地面而受伤。

高平衡性的秘密在于尾巴

行走在狭窄的地方时，猫咪会将尾巴大幅左右摇摆，以便保持平衡。猫咪的尾巴连接着脊椎和排泄器官的神经，如果乱扯猫咪的尾巴，会影响猫咪的身体机能。

不同种类的猫咪，尾巴的长度也不同。尾巴短的猫咪在平衡上稍微有一些力不从心，所以这种猫咪的主人要注意，别把猫咪通道设置得太窄。

用尾巴来表达感情

猫咪有时会不停地找主人撒娇，有时又只想一个人待着，让人捉摸不透。其实猫咪会通过表情和叫声等方式，使尽浑身解数，传达自己当下的心情。其中，使用尾巴是最容易表达猫咪心情的方式，通过观察猫咪的尾巴，就能捕获猫咪敏感的情绪。尊重猫咪当下的情绪，不去胡乱打扰它们，给它们相应的尊重，它们的精神压力也会减少很多，可以生活得更加开心。

心情很好（撒娇）
当猫咪将尾巴竖起来的时候，代表猫咪心情很好，想撒娇。它们在找猫妈妈撒娇时通常就会这样做。这种情况就让它腻歪个够吧。

不开心
当猫咪将整条尾巴以一定节奏慢慢地左右摇摆的时候，证明它心情不好。这时候，最好让它独自静一静。

友好
当猫咪将尾巴竖起来，尾巴前端小幅摇动，证明猫咪在对你表示友好。这种时候和它一起玩的话，它就会很开心。

感到恐惧 & 发出威吓
当猫咪将尾巴直立，并且尾巴上的毛立起时，证明它在向对手示威。其中也有恐惧的成分，这种时候最好也不要接近它。

不想理人
当猫咪摇动尾巴前端的时候，代表猫咪在被叫到或被照顾时觉得麻烦又嫌弃，但不得不象征性地回复一下，此时最好不要一直叫它啦。

专栏

公猫与母猫的区别当然不只是性别

对于还没有绝育的公猫和还没有怀过孕的母猫来说，喷洒尿液是很寻常的标记领地行为。猫咪之所以会留下气味标记，有几方面目的，比如寻找伴侣、标记地盘、恐吓对手、减轻自身压力，等等。公猫用来标记领地的气味尤其强烈，以人类的嗅觉来说，那种臭味能够持续至少一周。

如果想要判断幼猫的性别，可以观察猫咪肛门和性器官之间的距离。如果是母猫，两者之间的间隔大概在1cm，而公猫的间隔大概在2cm，比母猫长一些。出生后2~3个月，公猫的睾丸会慢慢膨胀起来，之后就可以通过它来快速判断猫咪的性别啦。此外，如果不希望家里的猫咪生宝宝，或是希望猫咪在发情期能情绪稳定，抑或想要猫咪避免生殖器官的疾病，可以尽早对猫咪进行绝育，这样非常有效果。如果等到猫咪性成熟了，即便再去做绝育，猫咪可能也会保留喷洒尿液的习惯。

公猫的性格……

公猫的性格大多自由散漫且酷爱撒娇。同时，它们也有相对更强的领地意识，喷洒尿液和磨爪频率也更高，不容易和其他猫搞好关系。在发情期到来的时候，会被室外传来的母猫叫声吸引，并试图外出。因此在饲养公猫的时候，要注意在玄关做好预防猫咪脱逃的措施。

母猫的性格……

母猫大都比较谨慎。遵从生儿育女等母猫的本能，为了保护自己的小猫，母猫更倾向于选择相对隐秘的空间生活。在饲养母猫的情况下，要打造一些可以让猫咪安心休息的私密空间。母猫的领地意识相对公猫来说没有那么强，喷洒尿液等行为也相对较少。如果家里想要饲养多只猫咪的话，可以多养几只母猫，这样猫咪们的关系会相对融洽一些。

不可打乱猫咪的生活节奏

懒散的猫咪也有一定的生活规律。并且，它们的性格和行为模式，会根据时间和季节的改变而改变。比如，在发情期到来的时候，变得特别活跃。即便猫咪一辈子都只和主人一起生活在室内，它们的习性却很难改变。有时候，猫咪就算是完全室内饲养，只和人类生活在一起也不会改变它们的习性。如果强迫猫咪按照人类的生活作息来调整自己的作息，有可能会让猫咪生病。为了让猫咪拥有健康的身体，反倒需要我们多多配合它们的生活节奏。

Part 3 你必须了解的猫咪百科......151

猫咪一天的生活节奏

生活节奏

夜晚

夜里猫咪基本都在睡觉，19~20点吃过晚饭，就会睡到第二天早上。如果主人晚睡或熬夜，并在猫咪睡觉的房间开很亮的灯，猫咪会因为累积过多压力而产生食欲不振、上吐下泻等症状。

黎明时分

熄灯之后猫咪也会异常精神地活动一段时间。

凌晨三点的时候，虽然主人还在睡觉，但猫咪却会仿佛被打开了开关一般，在家里来回走动巡逻。这是因为猫咪属于晨昏性的狩猎动物，就算是家猫，也会在黎明时分产生狩猎冲动，从而增加活动量。

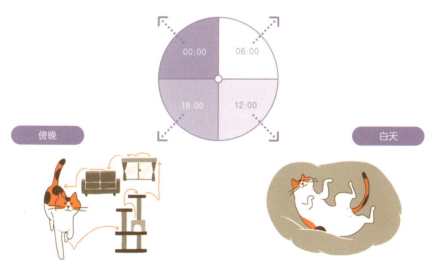

傍晚

不论家猫，还是室外的猫，都会开始巡视自己的地盘。如果猫咪能够去到室外，它们就会经过固定的路线——如常用来当作猫窝的汽车引擎盖——来到空地或公园，进行狩猎。而家猫则会以"我已经在狩猎了"的心态，吃掉自己的猫粮。

白天

白天当然要悠哉度过啦。基本来说，猫咪白天都过得十分闲适。野生猫咪都是一边狩猎一边生活的，所以不需要狩猎的时间猫咪们几乎都会用睡眠来储存体力。家猫基本上没有需要狩猎的时间，所以会直接选择一个自己喜欢的地方睡个大觉。

猫咪的心情随四季变化

冬天

冬天,猫咪只会在相对暖和的日子里多活动活动。每年一月是猫咪的发情期,公猫会为了自己心仪的对象努力奋斗。家猫则会悠闲地巡回光顾家里每一处暖和的地方。干燥的冬季对于猫咪来说不是很友好,要尽量保持室内的温度和湿度。

春天

猫咪的发情期就在冬春交替的时节。发情期外加天气转暖,会让公猫不论白天黑夜都活动得更加频繁。如果猫咪已经绝育的话,就会相对老实地找个温暖的地方乖乖待着了。并且,为了迎接即将到来的夏天,它们会开始换毛,主人在这个时期也要多帮它们梳梳毛哦。

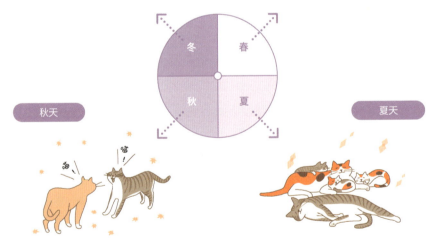

秋天

夏天结束进入秋天,猫咪会迎来一年中的第二个发情期。发情期开始后,公猫的活动频率会增加,性格也变得凶暴起来。差不多在这个季节,我们常能听到公猫之间的"吵架声"。秋天昼夜温差较大,猫咪有患上感冒的风险,要注意观察猫咪的身体状况。

夏天

夏天时,猫咪会尽量在相对凉快的傍晚活动。不管是对公猫还是母猫来说,夏天都是一年中最和平的季节,猫妈妈也会从养育小猫的工作中解放出来。不过由于猫咪只有肉球中有汗腺,所以要注意预防中暑。另外,猫咪也会在舔毛的过程中吃下太多春天换下来的毛,导致发生呕吐现象,为了避免这种情况,每天都要记得给猫咪梳梳毛。

Part 3　你必须了解的猫咪百科……153

生活节奏

猫咪喜欢待的地方

玄关

在夏天等比较热的时期,猫咪会躺在玄关等处凉快的瓷砖地上乘凉。如果天气不是那么酷热难当,猫咪却仍然喜欢待在阴凉的地方,可能是患上了疾病。

窗帘盒等高处

猫咪喜欢待在高高的地方,特别是类似窗帘盒或书柜的顶端。从高处往下看,会让猫咪有在狩猎的心情。如果猫咪不想爬上家具或者电器,可以试着在家里安装猫咪踏板一类的设施。

窗边

猫咪待在窗边,并不代表它们想出门,也可能是为了观察窗外运动的物体。待在窗边的行为,源于它们的狩猎本能。

客厅

要说猫咪的根据地,那一定是以客厅为中心,呈放射状排开,它们会在客厅标记地盘、散步或者小睡一觉等。吃完饭后为了保存体力,猫咪常常会找个舒服的地方睡上一觉。

喵星人的一生也分为很多阶段

在不同的环境中生活的猫咪，平均寿命会有些微的差别。流浪猫的寿命一般在5~10岁，而时常往返于室内和室外的猫咪平均寿命则在14岁左右。据说最长寿的猫咪，是完全室内饲养的家猫，平均寿命差不多能到16岁。如今，得益于兽医业的精进，以及主人自身宠物医疗意识的增强，猫咪的整体寿命和以前比起来稍微延长了一些，其中的少数个体甚至能够活到20岁甚至更久。和人类一样，猫咪的生活方式也会根据年龄的不同而发生改变，猫咪的居住环境也需要根据年龄的增长而调整。

换算成人类的话是几岁？猫咪的年龄换算表

一般来说，猫咪的2岁相当于人类的24岁。而2岁后，猫咪每长大1岁，相当于人类长大4岁。即猫咪3岁相当于人类28岁，猫咪4岁相当于人类32岁，以此类推。

成长阶段		猫的年龄	人的年龄
幼猫	幼年期	0~1个月	0~1岁
		2~3个月	2~4岁
		4个月	5~8岁
		6个月	10岁
成猫	青年期	7个月	12岁
		1岁	15岁
		1岁6个月	21岁
		2岁	24岁
	成熟期	3岁	28岁
		4岁	32岁
		5岁	36岁
		6岁	40岁
	壮年期	7岁	44岁
		8岁	48岁
		9岁	52岁
		10岁	56岁
老猫	中年期	11岁	60岁
		12岁	64岁
		13岁	68岁
		14岁	72岁
	老年期	15岁	76岁
		16岁	80岁
		17岁	84岁
		18岁	88岁

对任何事物都持有浓厚的兴趣，甚至像插座和电线、垃圾之类的危险物品也会视为玩具。为了照顾这个年龄段的猫咪，要注意不要让它接触家中的危险物品。

这个年龄段的喵星人和人类一样，是正在学习自立的时期。为了保证喵星人有充足的运动量，房间内不要忘记设计猫咪走廊之类的设施。

到了这个年龄的喵星人，会对一些自己从小玩到大的设备或玩具感到力不从心，从而积累不少心理压力。另外，改变房间内的装饰，以及搬家引起的生活环境剧变，也会给猫咪造成不小的心理压力。

从幼猫到成猫，再从成猫到老猫的变化过程

幼猫（0到6个月）

出生之后开始摄取母乳。大概两个月断奶，并且学会自行排泄。

想撒娇的时候，会从喉咙里发出咕噜咕噜的声音。

从诞生之初到6个月大，都叫作"幼猫"。在这段时间里，猫咪每天茁壮成长。刚出生时它们连眼睛都睁不开，身体弱不禁风，但一个月后就能精神满满地四处"冒险"啦。在这个时期，猫咪们会学着如何运用自己的身体，学习基本的捕猎技能，也会学习猫咪社会的等级制度等。并且，大多数喵星人的喜怒哀乐、爱憎厌恶、安心、警戒等基本的感情形态的雏形，也是经由这个时期养成的。撒娇对象也会渐渐从喵妈妈转变为饲养自己的主人。

幼猫的一天会花非常多的时间睡觉。成猫一天大概有65%的时间都在睡觉，但幼猫的睡眠时间大概占到一天的80%，大约20个小时。

把猫妈妈的尾巴当作玩具，或者和自己的兄弟姐妹打闹。

对一切外界事物都有强烈的好奇心。这个年龄的喵星人几乎没什么戒心，对新的环境、新的人或动物比较容易适应接纳。

三个月之后开始学会离开母亲的身边，依靠自己独立生活。个性也越发显著。

成年喵（7个月到10岁）

领地意识增强，会通过尿尿和爪印来标记自己的领地范围，也会频繁在室内"巡逻"。

每年会有2~3次性激素爆发，从而进入发情期或繁殖期。2~7岁是猫咪最"多情"的时期。

一般来说，一岁左右，早的话半岁，喵星人就会迎来性成熟期。到7岁左右是猫咪体力最充沛的时期，也是最适合繁育后代的时期。7岁以后，喵星人的身体会逐渐出现老化现象，虽然从外观上看不到太大差别，但健康上的监控还是很有必要的。室内饲育的猫咪在幼年期大都没有和喵妈妈学过狩猎技巧，不太能真正捕到猎物，但在本能的驱使下，它们的捕猎欲望和领地意识都会明显提高。如果没有做过绝育手术，那么在这个时期，猫咪会热衷于谈恋爱和找伴侣。

身体素质明显提升，对会动的物体有追逐欲望。

猫的一生

成猫（7个月到10岁）

从积累的生活经验开始认识周围的事物，并由此学会警戒危险，开始感觉到压力。

对主人撒娇的时候，会像幼猫一样拱蹭或踩按毛毯等柔软的物品。

踏来踏去

4~6岁时，会逐渐安定下来，不太因为一些突发小事出现惊喜或惊吓等较大的情绪波动。比起追求刺激，这个年龄段的喵星人更向往平静的生活。

老猫（11岁以后）

眼睛和耳朵开始出现老化现象，会生病，出现徘徊和夜晚鸣叫、认知障碍等症状。需要主人予以关爱和照料。

到了这个年龄段的喵星人，几乎已经没有什么可以学习的了，因此好奇心会减退。因为不容易受到刺激，所以慢慢变得文静不少。活动量减低，肌肉开始衰退，行动变得迟缓。慢慢地，睡眠时间也会变多。毛量发生变化。如果体形保持不好，变得肥胖或过瘦，就会出现各种健康问题。喵星人自身会慢慢因为身体的衰退所带来的挫败感，变得更依赖和喜爱主人。

不太会参与到游戏中，更喜欢在自己中意的地方安安静静待上一段时间。

由于拘泥于常年保持下来的喜好和习惯，它们很难接受自己习惯范围以外的事物。会讨厌新的食品和新的猫砂等。

行动变得迟缓，性格也有些顽固。

明明都是猫，为什么体形和性格差这么多？

在距今大概9500年前的遗迹中，人类发现了疑似与人类一起埋葬的家猫。家猫的出现应该就在更早一些的时候。和人类生活在一起，需要的不是强大凶猛，而是可爱黏人，因此猫咪的外观慢慢开始向可爱的方向进化。公元710年到794年间，也就是日本的"奈良时代"，家猫从中国渡海传入了日本，后经过几代的杂交，演化出了"日本猫"这个品种。至于当今社会，国家地区间不同品种猫咪的传入与输出就更加频繁了。

喵星人进化史——从小古猫到家猫

猫的种类

拥有尖牙利爪，靠狩猎小型生物为生。

小古猫

所有哺乳纲食肉目动物的祖先

猫咪的祖先和狗狗、熊、海狮等一样，都是一种叫作小古猫的动物。小古猫是距今4800万~6500万年前，栖息在欧洲和北美地区的生物，形似鼬鼠，体长大约30cm。

始猫

假猫

猫科的原型

从小古猫进化而来，选择在森林生活的始猫[*1]和假猫[*2]开始出现。

阿提卡猫

猫科的诞生

大约在距今2000万年前，从假猫进化而来。

非洲野猫

仅依靠少量水和食物就能生活的非洲野猫，大多生活在中东和非洲等干燥地带。

家猫的直系祖先

由于小型猫咪在进化过程中失去了森林这一领地，转而开始在沙漠等干旱地区生活。这些地区缺少水源和食物，也没有可以藏身的高大植物。为了适应这些特点，演化出了非洲野猫，它们就是现今家猫的直系祖先。

家猫

体重3~4kg。比非洲野猫的体形小，脑容量也不太大。没什么警戒心，习惯和饲养自己的人类待在一起。

家猫的诞生

部分非洲野猫开始在人类聚居、有老鼠出没的地区生活。此后，大约在距今1万年前，非洲野猫被驯养，演变成了现在的家猫。

---

*1 始猫大约生活在距今2500万年前。体重10kg左右。
*2 假猫生活在距今1000万~2000万年前的非洲地区，是现代猫科动物的祖先。

了解一下性格各异的各种喵星人吧

目前世界公认的猫咪种类大概有50种,和狗狗比起来少很多。(狗狗在世界各地都有丰富的品种,全算下来有700~800种,光是经由世界犬业联盟认定的狗狗品种就多达343种。)究其原因,大约在于猫咪不适合做捕鼠以外的工作,于人类的日常生活而言实用性不大,没有被人工干预繁殖、进化过程,所以一直保持着固有的繁育路线。只是,近几年开始,有很多新品种猫咪逐渐崭露头角,猫咪的种类亦因此变得丰富多彩。纯种猫咪间的后代因血统等问题,容易染上遗传性疾病,本身也比杂交猫咪身体更羸弱,非常容易生病。饲养之前一定要多了解猫咪种类之间的细小差异。同时要注意的是,即便是同一个品种的猫咪,体形和性格也未必相同哦。

阿比西尼亚猫

原产地:埃塞俄比亚

体重:3~5kg

毛发类型:短毛

最古老的品种之一。在不同的光照角度下,毛色也会有些微的不同,体态优雅大气。性格方面,大都喜爱撒娇,并且有强烈的好奇心。运动能力超群,能轻易爬上书架顶端等处。因为非常喜欢玩耍,所以饲养阿比西尼亚猫的时候,一定要保证它们拥有充分的活动空间。

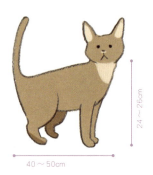

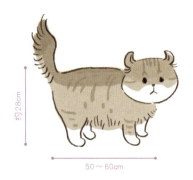

美国卷耳猫

原产地:美国

体重:2.5~4.5kg

毛发类型:长毛&短毛

名字源于猫咪双耳的尖端向后脑翻折的特征。刚出生的时候,猫咪的两只耳朵都是直的,在出生后2~10个月的时候,耳朵会慢慢向后翻折。当然也有猫咪的耳朵不会往后翻折。身体细长,肌肉结实。性格方面大都喜爱撒娇,但不爱闹腾。智商比较高,属于好调教的品种。

猫的种类

美国短毛猫

原产地：美国
体重：3~6kg
毛发类型：短毛

美国经典品种之一。本是为了捕猎老鼠而被驯化的品种。热爱运动，属于骨骼强健、身体肌肉密度较高的品种。大都心胸开阔且易于亲人。勇敢无畏，对于环境的适应性较强，比较容易饲养。因为美国短毛猫热爱运动，所以家中一定要有足够的活动空间。

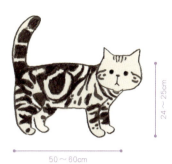

异国猫

原产地：美国
体重：3~6kg
毛发类型：长毛＆短毛

继承了波斯猫（第164页）特征的短毛品种。毛发比起波斯猫要短一些，不易打结，较容易打理。每周大概梳两次毛就没有问题了。体形属于肌肉紧实的类型。就身材来说，腿比较短粗，非常结实。性格大都稳重文静，但非常喜欢玩耍，平易近人。

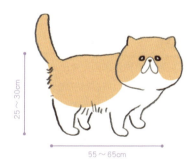

新加坡猫

原产地：新加坡
体重：2~3kg
毛发类型：短毛

新加坡猫的体形在世界公认的品种中属于最小的。小小的身体上全是发达的肌肉，身体紧实，活动敏捷。猫毛质感柔软，不常掉毛。毛色美丽，在不同角度下颜色也不尽相同。性格大多文静，却也有好奇心旺盛的一面，喜欢玩耍。温柔细心，遵从主人的吩咐。叫声也不大，适合在住宅密集的地区饲养。

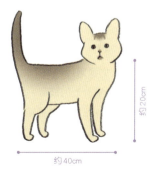

苏格兰折耳猫

原产地：英国

体重：3~6kg

毛发类型：短毛＆长毛

苏格兰折耳猫的最大特征就是向前曲折的耳朵，但是这个特征的继承率只有30%左右（折耳猫之间的交配行为在很多地方是被禁止的）。圆圆滚滚的外表下，其实是壮实的肌肉。四肢短粗。性格大都是稳重不爱叫的。虽然喜欢玩乐，但不会玩得很嗨。对饲主真诚、体贴。

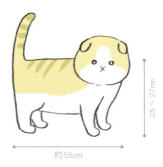

斯芬克斯猫

原产地：加拿大

体重：3~5kg

毛发类型：无毛

据说斯芬克斯猫的祖先是基因突变形成的无毛猫咪。因为自身没有毛发，所以对于气温的变化非常敏感，对抗酷暑和寒冷的能力不强，需要生活在温度变化不太剧烈的地方。毛孔的分泌物容易堆积在皮肤表面的褶皱里，需要不时给猫咪擦拭和养护皮肤。体格属于肌肉型，运动能力超群。好奇心旺盛，平易近人。

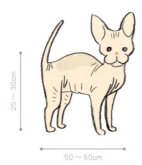

索马里猫

原产地：英国

体重：3~5kg

毛发类型：长毛

1967年，人们使用纯种的阿比西尼亚猫（第160页），经由有计划的繁育，培育出了索马里猫这种长毛猫。它们毛茸茸的尾巴和长长的毛发需要定期精心打理。有着和阿比西尼亚猫一样健美、优雅的体态。性格也和阿比西尼亚猫类似，活泼且好奇心旺盛。虽然大多数时间都很亲人，但偶尔也会表露出神经质的一面。

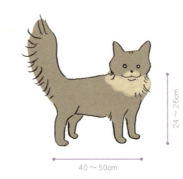

Part 3　你必须了解的猫咪百科•••••••••163

猫的种类

东奇尼猫

原产地：加拿大
体重：2.5~3.5kg
毛发类型：短毛

面部、四肢和尾巴的毛色不同于躯干，这种特征也被称作"重点色"。清澈的蓝眼睛和光洁的毛发是东奇尼猫的另外两个特征。虽然体形不大，但肌肉还算紧实。四肢相对较细，但腿部肌肉发达，所以擅长运动。性格比较亲人，爱撒娇。属于非常好动的品种，在饲养东奇尼猫的时候，要确保它们有足够的活动空间。

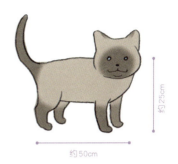

挪威森林猫

原产地：挪威
体重：3.5~6.5kg
毛发类型：长毛

几乎可称之为北欧的代表性大型猫。为了在寒冷的挪威生存，它们进化出了比其他猫咪更厚密的被毛和强壮的体格。每天都需要给它们梳毛。挪威森林猫体大肢壮，体力非常好。性格内向，但也喜欢玩耍，运动能力强。亲人，非常听话。

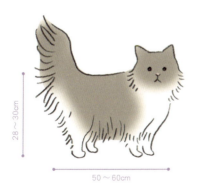

英国短毛猫

原产地：英国
体重：3~5.5kg
毛发类型：短毛＆长毛

英国短毛猫是英国最古老的品种之一，身体很结实，腿部粗壮，运动能力超群。四肢发达，性格内向却聪敏。对环境的适应性强，叫声不大，比较容易饲养。喜欢和人一起玩，但也能和自己玩一整天，非常自主自立。

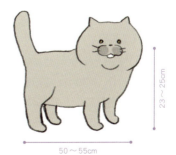

波斯猫

原产地：阿富汗
体重：3~7kg
毛发类型：长毛

波斯猫的主要特征来自洋娃娃一般的松软毛发，塌塌的鼻子也是它的萌点之一。波斯猫每天都需要梳毛。身体骨骼粗壮，四肢粗短。性格文静内向。大多数时候都待在安静的角落悠闲度日，但偶尔也会玩得很欢。聪敏又温和，适合饲养。

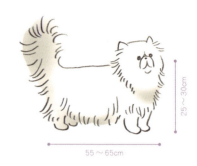

孟加拉猫

原产地：美国
体重:4.5~5.5kg
毛发类型：短毛

孟加拉猫拥有美丽的豹纹和棱角分明的脸庞，充满了野性的气息。身体骨骼大而粗壮，运动能力非常突出。运动量大且喜欢玩闹，家里最好安装有供猫咪跑跳的设施。虽然孟加拉猫外表充满野性，性格却非常亲人，饲养起来很容易。只是孟加拉猫的叫声相对较大，不太适合想要饲养安静猫咪的家庭。

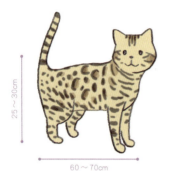

曼切堪猫

原产地：美国
体重：3~5kg
毛发类型：短毛＆长毛

曼切堪猫有着仿佛腊肠狗一般的长条形身体和小短腿。身体紧实粗壮，前脚相对后脚短一些，所以身体一直都是稍稍前倾的状态。虽然前脚比较短，但这丝毫不影响曼切堪猫的运动能力。不管是跳高还是爬树都没有问题。好奇心旺盛，非常喜欢四处活动。喜爱社交，喜欢黏着主人，性格外向，擅长逗人开心。

猫的种类

缅因猫

原产地：美国
体重：7~12kg
毛发类型：长毛

缅因猫是纯种猫中体形最大的品种。坚实的肌肉包裹着又长又壮的身体。因为最初生活在条件艰苦的寒冷地区，所以身体被厚厚的毛皮覆盖。性格内向温厚，对环境有一定的适应能力，也比较容易和其他动物和谐相处。比较喜欢大范围活动玩耍，但在室内生活也不会觉得憋屈。聪明，自主自立，对主人忠诚。

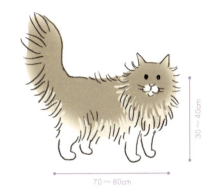

布偶猫

原产地：美国
体重：7~9kg
毛发类型：长毛

有着"布偶"美称的大型猫咪，属于抱着随便蹭也不会被嫌弃的类型，安静温和，如一个玩偶，这就是它们名字的由来。体格宽厚结实，四肢较长，且富有肉感。性格温和亲人，有时候呆呆的，没什么危险意识，所以要尽量避免它们接触室内的危险物品。叫声小，适合在住宅密集的地区饲养。

俄罗斯蓝猫

原产地：俄罗斯
体重：5~6kg
毛发类型：短毛

被称作"蓝猫"，身上披着美丽的银灰色短毛，微微泛着青色光泽。身体细而紧实，四肢也细细长长，给人非常优雅的印象，运动能力相对突出，动作敏捷。不过性格比较内向，不爱闹腾。有时比较怕生，对于新环境和新认识的人，需要花时间去适应。对主人非常忠诚，叫声也很小。

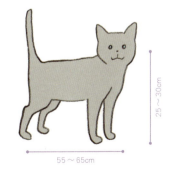

你知道猫咪的各项属性值都是多少吗?

通过狭窄的独木桥、钻入狭窄的出入口、从一个地点跳到另一个地点、总想在更高的地方留下爪印……和猫咪一起生活,总能见到这些猫咪标志性的行为。猫咪和人类的生活习惯完全不一样,与它们共同生活,需要我们多了解猫咪的各项身体属性,并据此思考怎么样安排家具才是最合理的。那么,就让我们来看看猫咪的各项属性值都是多少吧。

Part 3　你必须了解的猫咪百科·················167

猫咪的各项尺寸都是多少呢？

猫的属性值

正常站立时……

到头顶（耳朵）的高度：350~400mm

身高[*]：300mm左右

身长：400mm左右

开心或撒娇的时候，会把尾巴竖起来。

伸懒腰时……

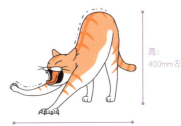

高：400mm左右

四肢+身体全长：1,200mm左右

感到困意、想转换心情，或准备开始活动的时候会伸懒腰。

站起来挠墙时……

爪子高度：900mm左右

猫咪选择在墙上磨爪，有时是为了发泄不开心的情绪，有时则是为了留下爪痕和肉球排出的汗液来标注领地。

蜷成一团时……

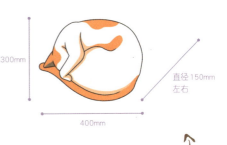

300mm

直径150mm左右

400mm

蜷缩成一团的时候更能保持放松状态，如果在狭窄的空间里，猫咪会觉得更加安心。

*身高指猫咪四脚站立时从地面到猫咪肩部的高度。

不同品种猫咪水平跳跃（无助跑）的能力差距

大家对于喵星人的印象之一，就是它们在家具顶端轻松飞来跳去的矫健身姿。实际上，喵星人的确可以不经助跑就轻松跃过相当于自己整个身长的距离。不过，不同品种的猫咪跳跃能力也截然不同。根据下面的数据，我们可以根据自家猫咪的特点，设计出能让喵星人顺利且安全跃过的小机关，反之也可以通过距离上的设计让喵星人远离危险场所，避免喵星人乱来。

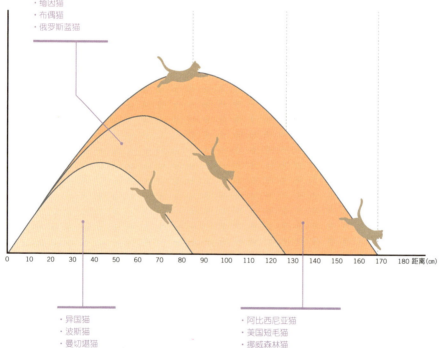

- 美国卷耳猫
- 新加坡猫
- 苏格兰折耳猫
- 斯芬克斯猫
- 索马里猫
- 东奇尼猫
- 缅因猫
- 布偶猫
- 俄罗斯蓝猫

- 异国猫
- 波斯猫
- 曼切堪猫

- 阿比西尼亚猫
- 美国短毛猫
- 挪威森林猫
- 英国短毛猫
- 孟加拉猫

不同品种猫咪垂直跳跃（无助跑）的能力差距

猫的属性值

猫咪可以轻松跳上一般的书架和收纳柜。之所以能无助跑跳跃，得益于猫咪奇特的身体构造。从出生开始，猫咪的前后腿骨骼一直都呈弯曲状态（参考第139页），以便随时起跳。不过，每只猫的年龄、生长环境等都不尽相同，因此垂直或水平跳跃的能力也会有一定的差距，很难计算出一个准确的数值。以下数据，是根据猫咪自身的性格、灵活程度等信息综合推算出来的。

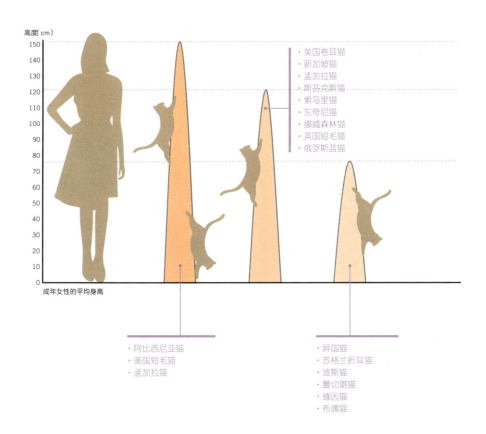

实践！将喵星人属性数据应用到住宅设计中

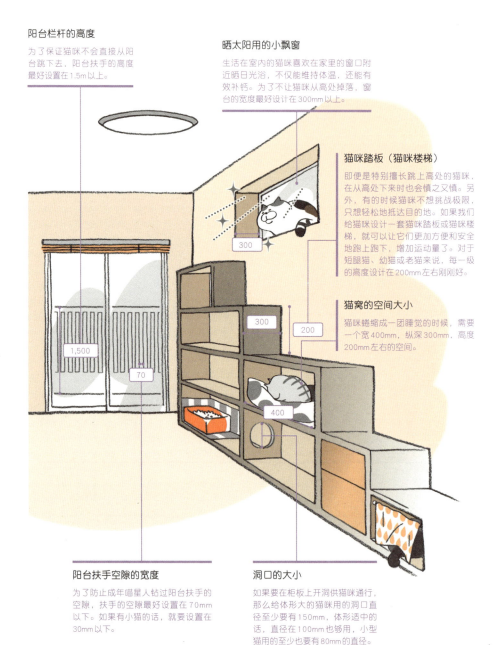

阳台栏杆的高度
为了保证猫咪不会直接从阳台跳下去，阳台扶手的高度最好设置在1.5m以上。

晒太阳用的小飘窗
生活在室内的猫咪喜欢在家里的窗口附近晒日光浴，不仅能维持体温，还能有效补钙。为了不让猫咪从高处掉落，窗台的宽度最好设计在300mm以上。

猫咪踏板（猫咪楼梯）
即便是特别擅长跳上高处的猫咪，在从高处下来时也会慎之又慎。另外，有的时候猫咪不想挑战极限，只想轻松地抵达目的地。如果我们给猫咪设计一套猫咪踏板或猫咪楼梯，就可以让它们更加方便和安全地跑上跑下，增加运动量了。对于短腿猫、幼猫或老猫来说，每一级的高度设计在200mm左右刚刚好。

猫窝的空间大小
猫咪蜷缩成一团睡觉的时候，需要一个宽400mm，纵深300mm，高度200mm左右的空间。

阳台扶手空隙的宽度
为了防止成年喵星人钻过阳台扶手的空隙，扶手的空隙最好设置在70mm以下。如果有小猫的话，就要设置在30mm以下。

洞口的大小
如果要在柜板上开洞供猫咪通行，那么给体形大的猫咪用的洞口直径至少要有150mm，体形适中的话，直径在100mm也够用，小型猫用的至少也要有80mm的直径。

Part 3 你必须了解的猫咪百科......171

猫的属性值

猫咪走廊的宽度

虽说猫咪擅长走在狭窄的通道上，但也不是对通道的宽度毫不讲究，猫咪不能走在比自己的脚掌还要狭窄的地方。最少也要宽40mm以上，才能让猫咪通过。设置猫咪走廊的时候，最好将宽度设在150mm以上。

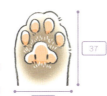

37

35

猫门的大小

猫门最好是边长200mm左右的正方形。一般来说，猫咪走路时脚不会抬得很高，因此，为了方便猫咪日常使用，猫门的门槛最好低一些（100mm以下）。

墙裙的高度

猫咪为了方便标注领地，会往墙上喷洒尿液。使用特殊材质的墙裙覆盖住离地900mm范围的墙面，能够有效避免小便渗透墙壁，清理起来也更方便。

需要特别注意的物品

猫咪会对房间内的摆放物品产生浓厚的兴趣，有时猫咪会将头伸进半径50mm左右的空罐子或塑料袋里，导致自己被卡住。主人一定要注意让猫咪远离这种危险。

猫咪走廊的承重

猫咪的体重一般在8kg左右。为了安全起见，我们选择材料的时候，最好选择净载重在15kg左右的材料。

猫咪喜欢的地方和讨厌的地方

猫咪虽是适应能力较强的动物，但假如心中积累了太多的不满，就会选择以随地排泄，甚至攻击饲主等形式发泄。为了让猫咪能够开开心心地生活，搞清楚猫咪喜欢哪里不喜欢哪里，将房子打造成让猫咪住得开心的家是非常重要的。为了打造这样一个家，我们首先要了解，什么样的行为会导致猫咪产生负面情绪。

古时候猫咪最喜欢的地方是树洞

猫咪本是生活在森林中的动物，在树洞中睡觉可谓家常便饭。藏身树洞，能够第一时间知道是否有外敌靠近，降低被袭击的风险。现在猫咪仍然保有祖先们的危机意识，且已转化为本能。根据这种危机管理意识，它们喜欢在高处狭窄昏暗的空间里休息。

能够看清周围的环境最棒啦

猫咪喜欢在能够看清周围环境的高处休息，比起待在低处的猫咪，待在高处的猫咪更能够彰显自己的社会地位。当它们来到书架顶端或房顶，就会生出一种巡视自己领地的感觉，继而获得安心感。

有时候也想看看窗外的景色

在飘窗附近设置靠垫，在阳台设置防跌落网，可以既让猫咪看到外面的世界，又保证了它们的安全。你的布置会让猫咪喜欢上这处能欣赏屋外景色的地点的。

喜欢暖和的地方

猫咪喜欢温暖的地方，当然也不能过热。例如，电视机周围、DVD机上面，或者汽车引擎盖这种温度与高度兼备的地方。特别是电视机附近，猫咪很喜欢待在这里，享受被大家关注的感觉。

猫咪喜欢可以令自己感到安心的秘密基地

猫咪特有的习性都源自它们野生时期的狩猎本能。遵从本能，它们不仅想进入平时没有去过的地方探险，也喜欢安静的地点。如果家里突然出现陌生人，或周遭突然吵闹起来，它们会想在第一时间躲进自己的秘密基地避难。

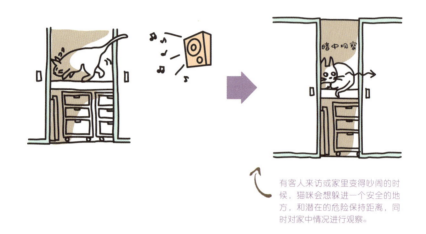

有客人来访或家里变得吵闹的时候，猫咪会想躲进一个安全的地方，和潜在的危险保持距离，同时对家中情况进行观察。

喜欢狭窄的地方

猫咪们喜欢锅和洗脸盆之类可以让身体蜷缩进去的狭小空间。因为这些地方四面都有倚靠，猫咪自己不用费力，就能保持蜷缩成一团的姿势，既能保护肚子这一弱点，又十分温暖。

喜欢阴暗的地方

猫咪的本能告诉它们，比较暗的地方也不容易被外敌发现。既安全，又让自己安心。阴暗狭窄，温度也正好的地方是猫咪的首选。比起外面卖的猫窝，猫咪更喜欢纸箱子之类的据点。

消除猫咪的不安，给它们全方位的快乐

喜欢的地方

不擅长应对环境变化

猫厕所、猫抓板、猫餐厅等都是猫咪的领土，一旦突然发生变化，就会让猫咪觉得不安。如果要改变这些物品的位置，建议每次只挪动20cm左右，循序渐进，给猫咪习惯的时间。另外，可以将外出用的宠物箱设为猫咪的其中一个常用猫窝，这样在需要带着猫咪外出时（如去看兽医），猫咪就不会觉得不安了。

视觉、嗅觉、听觉的刺激都是必需的

为了满足好奇心旺盛的猫咪，不仅要设计可供它们玩耍的踏板、家具，还要增设一些能刺激猫咪视觉、嗅觉、听觉的物品。比如，增设饲养热带鱼的鱼缸，或者让电视机常开，以便让猫咪获得更多新奇的感受。

喜欢植物和土的味道

只需将捡来的树枝和干草、石头等放入纸箱中，猫咪就会开心地在里面边打滚边闻来闻去啦。

会被某些植物迷住

含有荆芥内酯成分的植物可以令猫咪兴奋起来，例如猫薄荷。有猫薄荷的地方，很容易成为猫咪最喜爱的地点。但要注意，也有一些植物会给猫咪带来危险（参考第179页）。

对猫咪有害的
食物和植物

在我们家里，对于猫咪来说危险的物品其实非常多，有的食物对人类来说无害，可猫咪一旦误食，就会导致健康问题。因此，厨房等储存食物的场所，最好不要让猫咪随便出入玩耍。另外，对猫咪而言，有毒的植物也多达百种，其中一些会给猫咪的内脏带来巨大负担，长期食用的话，会导致严重的后果，这一点必须引起我们的注意。

危险勿食！猫咪不能吃的食物

想要让自家猫咪远离危险，要先从禁止它们出入厨房开始。如果没有办法阻止猫咪出入厨房，至少也要做到让猫咪远离厨余垃圾，并在猫咪靠近危险食物时保持警惕。下表将对猫咪有害的食物按危险程度分为三类。危险程度高的食物会给猫咪造成生命危险，危险程度中的食物会让猫咪产生不良反应，危险程度低的食物虽然少量食用危害很小，但长期大量食用的话，仍会造成严重后果。还要注意，下表记载的只是危险食物中的一部分，其他的人类食物也可能给猫咪造成伤害。关键还是不要给猫咪投喂人类的食物。

危险的食物	会引起的不良反应	危险程度
葱类 洋葱、长葱、韭菜	这类食物含有N-丙基二硫化物，会破坏猫咪的红细胞，容易引发溶血性贫血。还可能使猫咪出现如腹泻、呕吐、发烧等症状，甚至引发急性肾功能障碍。就算加热食用，这种有毒物质也不会消失。	高
巧克力	可可中含有的可可碱会造成猫咪腹泻、呕吐、腹痛、尿血、脱水等症状。严重情况可能会伴随异常兴奋、颤抖、发烧、痉挛等。巧克力内含有可可的浓度越高，猫咪越容易中毒。	高
咖啡＆红茶＆酒精	咖啡和红茶中含有的咖啡因会导致猫咪兴奋。并且，猫咪无法分解酒精，即便只有少量的酒精，也可能导致猫咪酒精中毒。	高
鲍鱼	猫咪食用鲍鱼后长时间受阳光（紫外线）照射，容易使耳朵等毛发稀疏的地方发生皮肤炎。症状恶化后可能会导致皮肤坏死。这是因为鲍鱼含有的脱镁叶绿酸会在血液中发生化学反应，破坏红细胞。	中
带刺的鱼肉、生猪肉	鱼肉里的刺非常尖锐，容易割伤猫咪的喉咙和消化器官。生猪肉中则寄生着弓形虫。	中
青鱼、鲭鱼、鲹鱼、沙丁鱼等	食用过多含有不饱和脂肪酸的鲭鱼，会导致猫咪维生素E不足，引发黄脂病。导致皮下脂肪和内脏出现炎症，并引起肌肉或皮下组织板结、发烧、疼痛等症状。	低

挑选观赏性植物的方法

猫咪习惯通过吃草来刺激胃部,帮助它们将吞入的毛团吐出,同时补充通过肉类无法摄取的叶酸。有的时候,猫咪也会吃摆放在房间内的植物。但是猫咪体内不含分解有害物质所需的酶,很容易引发食物中毒。因此,我们在选择室内花草的时候要多加注意。

OK 对猫咪来说安全的食物

猫最喜欢吃的植物非"猫草"莫属。不过猫草并不是特指某种植物,而是一些绿色草本植物的总称。一般来说,市场贩卖的猫草都是燕麦苗。包括猫草在内,上述植物虽然总体来说对猫咪无害,但在个别情况下也可能导致猫咪食物中毒。另外,猫咪也很喜欢把细叶植物当作玩具,所以我们在摆放时也要注意。

Part 3　你必须了解的猫咪百科……179

危险品

NG 对猫咪来说有害的植物

百合	紫阳花	常春藤	一品红
绿萝	郁金香	芦荟	木茼蒿
三色堇	杜鹃花	灯笼草	牵牛花
铃兰	水仙	风信子	马蹄莲

美国防止虐待动物协会（ASPCA）将对猫咪有害的植物进行了统计。如果猫咪误食了这些植物，会引发呕吐、腹泻、脱水、呼吸困难、全身麻痹、昏睡等症状。特别是百合科、杜鹃花科和毛茛科的植物，甚至会威胁到猫咪的生命。需要注意的是，有时单单因为碰到百合花粉或者喝到花瓶里的水，也会导致猫咪中毒。

猫咪发福或衰老了该怎么办？

原本，喵星人的身体素质和运动能力是相当卓越的，可是由于家养喵星人存在运动不足的情况，所以大多数体形肥胖。并且，对于所有猫咪来说，老去都是无法避免的。一旦发现过去能够正常攀爬的设施再也爬不上去，喵星人的自信心会受到严重打击。为了不给过于肥胖的喵星人和老年喵星人增加心理负担，也为了防止喵星人在运动中受伤，我们不妨多多考虑房间的布置。

胖猫和老猫的判断标准

关于胖猫……

一般来说,公猫的标准体重是3~6kg,母猫则是3~5kg。第160~165页也列举了一些常见品种猫咪的标准体重,如果超过了这个范围,基本就属于肥胖了。如果发现猫咪明明不在妊娠期内,却出现了肚子变大的情况,就需要特别注意了。另外,在做完绝育手术后,猫咪会很容易发胖的。

还想像原来一样跳来跳去,但体重过重,经常失败甚至因此受伤。同时也会出现好不容易上到高处,却发现自己下不来的情况。

区分肥胖程度

体脂率14%以下

肋骨和盆骨的轮廓清晰可见,从上面俯瞰会发现腰身纤弱,从侧面看会觉得肚子是凹进去的。

体脂率15%~24%

肋骨的轮廓看起来不明显但可以用手摸到,俯瞰的时候可以隐约看到腰部肌肉线条。从侧面看,肚子也显得有点肉肉的。

体脂率25%以上

身体被脂肪包围,肋骨和脊椎不太容易被摸出来。腰线更是完全看不出来。从侧面可以看到摇曳的肚腩。

关于老猫……

猫咪在度过11岁的"中年期"之后,身体机能开始退化,就可以被称作"老猫"了(猫咪寿命方面的数据可以参考第154页)。

体力和力气都开始衰退,一天中大部分时间都在休息。视力和听力也开始衰退。走路的时候甚至会被室内的小台阶绊倒。

创造一个胖猫也能安心生活的空间

如果猫咪在年轻时就已经超重,那就不得不对它们强制采取运动、节食等减肥措施了。还要注意,在设计各种猫咪设施的尺寸时,要以胖猫的尺寸标准为参考。一般来说,就是在普通猫的尺寸基础上加宽20%。

猫咪踏板的宽度:200~280mm
(标准体重的猫咪只需要150mm)

猫咪走廊的宽度:200~280mm
(标准体重的猫咪只需要150mm)

猫爬架的台阶高度:200~280mm
(标准体重的猫咪可使用350~380mm)

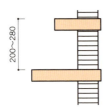

猫门的尺寸:240mm×240mm
标准体重的猫咪只需要200mm×200mm

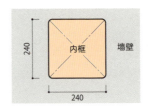

怎么防止猫咪登高?

墙面选择光滑材质,减少书架等方便踏脚和登高的家具和设施。

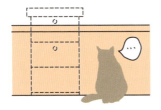

怎么督促猫咪减肥?

一天至少让猫咪运动30分钟。可以设置一个猫用跑轮,猫咪说不定会乐在其中呢。

创造一个老猫也能安心生活的空间

随着年龄变老,猫咪会渐渐难以适应周围环境的变化。我们可以通过减少台阶的高度,以及将猫咪生活所需的用品集中设置等做法,为猫咪创造一个不用费力就能正常生活的空间,这样能使老猫过得更加安心。经日本宠物食品协会调查,猫咪的平均寿命能达到15.8岁。今年也有个别的猫咪甚至活到了20岁,这个年龄相当于人类的96岁高龄。为了方便照顾老年猫咪,"猫用无障碍设施"是必不可少的。

胖猫和老猫

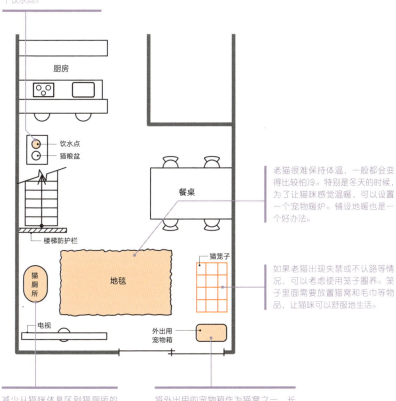

猫咪平时的水分摄入量开始减少,因此最好增设几个饮水点。

老猫很难保持体温,一般都会变得比较怕冷。特别是冬天的时候,为了让猫咪感觉温暖,可以设置一个宠物暖炉。铺设地暖也是一个好办法。

如果老猫出现失禁或不认路等情况,可以考虑使用笼子圈养。笼子里面需要放置猫窝和毛巾等物品,让猫咪可以舒服地生活。

减少从猫咪休息区到猫厕所的高度差。设置多个猫厕所,或是干脆把猫厕所设在猫咪休息区旁边,也不失为一个好办法。

将外出用的宠物箱作为猫窝之一,长期对猫咪开放。猫咪习惯使用宠物箱的话,在面对一些需要被关进宠物箱里移动的特殊情况时就不会紧张或不安了,比如家中来客需要转移房间,或是需要去宠物医院就诊。

对猫咪来说，这些都是必不可少的！

要照顾一只喵星人，猫厕所、猫粮盆、玩具、宠物箱、猫抓板之类的用品是必需的。尤其是猫厕所和宠物箱等体积较大的，需要提前规划好放置的地方，以免挡住室内通道，给我们的生活带来不便。猫砂和猫粮等消耗品要保证有一定的存货，并放在猫咪触及不到的地方。接下来就将介绍一些关于猫咪用品的知识。

猫厕所和猫砂都有很多种类

猫咪用品

如今猫厕所和猫砂产品不仅种类繁多，功能也不一，有的可以抑制臭味，有的强项则在于方便清理排泄物。不过比起这些卖点，我们最先要考虑的还是猫咪的喜好。如果选择了猫咪不喜欢的产品，或是将猫厕所放在了不方便的位置，很可能会导致猫咪拒绝使用，并引发一系列病症。（猫砂的种类参考第136页。）

开放式猫厕所

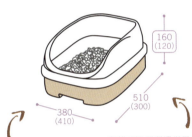

和封闭式猫厕所比起来，这种样式的厕所更利于通风，并且能够轻松确认猫咪排泄情况，以便随时清理。

开放式猫厕所通常要比封闭式矮一些，更容易放进猫笼里。

封闭式猫厕所

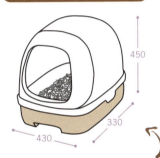

比起开放式猫厕所，这种厕所不容易扩散气味，并且能够有效防止猫咪将猫砂撒到外面。只是，可能有些猫咪不太喜欢这种封闭式厕所。

分层式猫厕所

分层式猫厕所的原理是，上层使用猫砂配合网格以便筛除大便，下层则设有尿垫专门吸收小便。因此，为了让小便顺利被下层尿垫吸收，需要搭配不结团的猫砂使用。这种分层式猫厕所也分为开放式和封闭式两种，尺寸和上面介绍的差异不大。

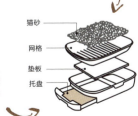

除了猫砂以外，还设有用来铺尿垫的托盘，用来吸收小便。

猫砂

大颗粒的猫砂在猫咪便便后会很显眼，利于及时清理。小颗粒猫砂则能够将猫咪的便便包裹得更严实。

猫咪便便后，我们只需要更好结团的猫砂就好。猫厕所应当每月彻底清洁一次，届时替换里面全部的猫砂。

每只猫每个月大概要消耗7L猫砂。

猫窝和宠物箱要注重舒适度

在规划猫咪居所时，可以将开放式猫窝和封闭式猫窝搭配起来，根据不同的功能分区多设置几处。另外，使用宠物箱，可以有效防止猫咪在被主人带去宠物医院的途中剧烈反抗。

开放式猫窝

能够直观地了解猫咪的状态，可以搭配毛毯等使用，以应对各个季节的温差。

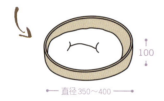

封闭式猫窝

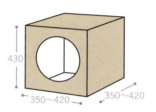

猫咪喜欢阴暗的角落，这种猫窝恰好能够满足猫咪的这种喜好。封闭式也有很好的保温效果，在冬天尤其受猫咪喜爱。

软式宠物包

不用的时候可直接折叠收纳，不占室内空间。比起硬盒类的，这种宠物包尺寸更小。如果猫咪在袋子中排泄，容易弄脏口袋，为了方便清洁，建议使用树脂材质的制品。

硬盒类宠物箱

分为上下两部分，不用的时候可以拆分叠放。组装后高度在300mm左右。

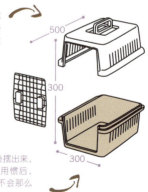

平时可以只把下半部分摆出来，当作猫窝使用。猫咪习惯后，在被主人带出门时就不会那么紧张了。

餐具、水和食物关系着猫咪的健康

选择饮水装置的一个重要条件，就是能否直观显示猫咪的饮水量。猫粮方面，大体分为干猫粮和猫罐头两种，干猫粮基本上不含水分，不容易变质。由于猫咪进食时间不固定，一天可能要吃好几顿，导致猫粮需要长期放在外面，所以平时最好以干猫粮作为猫咪的主食。

猫咪用品

餐具

— 直径100～150 —

考虑卫生问题，推荐使用不锈钢制品。猫咪可能会不小心打翻餐具，所以最好在餐具下面垫上一条吸水性良好的毛巾。另外，最好在家里设置两处以上的猫餐厅。

饮水装置

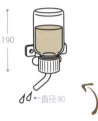

190

— 直径90

猫咪想喝水的时候，只要用舌头碰一下出水口，水就会自动流出来。这种装置可以让主人清楚地知道猫咪一天的饮水量，也不容易被猫咪弄洒。只是有的猫咪可能很难掌握它的使用方法。

干猫粮

长时间暴露在空气中也不容易变质，方便猫咪随时食用。

380
(400)

180
(200)

100
(110)

一只猫咪一个月大概可以吃掉2kg的猫粮。家中应随时保证有足够吃上一个月的储备粮。提前将猫粮进行了小份分装的产品更利于长期储存。（经过小份分装的产品占用的空间要比未分装的产品大一些。括号里是经过分装的产品的尺寸。）

猫罐头

— 直径70 —

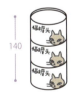

140

30

— 直径70 —

猫罐头的味道比干猫粮更好，备受喵星人的欢迎。从卫生层面来说，长时间放置在室温中的罐头容易变质，所以夏天时尤其需要注意储存方式。

设计·照片提供者

11 "豆柴兄妹和猫咪们生活的O公馆" 宠物环境设计：Consult Kanemaki·Kokubo 空间工作室，摄影：金卷 tomoko。

16、17 "OPEN-d" 设计师：Riota 工作室，摄影：关本龙太。

18 "a circle house" 设计师：松本直子建筑设计事务所，摄影：小林浩志。

19 "A-FLAT" 设计师：Riota 工作室，摄影：关本龙太。

21、23 "猫之家_Si 邸" 设计师：Fauna+ Design，摄影：Fauna+ Design。

26 上 "猫之家_Si 邸" 设计师：Fauna+ Design，摄影：Fauna+ Design。

26 下 "猫之家_Si 邸" 设计师：Fauna+ Design，摄影：Fauna+ Design。

27 "晓之家" 设计师：Riota 工作室，摄影：新泽一平。

29 " House for Coexistence with Cats" 设计师：Sohei Nakanishi Design，摄影：中里洋平。

32 上 "猫之家_Sa 邸" 设计师：Fauna+ Design，摄影：Fauna+ Design。

32 下 "OPEN-d" 设计师：Riota 工作室，摄影：关本龙太。

33 "猫之家_Se 邸" 设计师：Fauna+ Design，摄影：Fauna+ Design。

47 "猫之家_On 邸" 设计师：Fauna+ Design，摄影：Fauna+ Design。

51 "Hekuri 之家" 设计师：Fauna+ Design，摄影：Fauna+ Design。

52 "OPEN-d" 设计师：Riota 工作室，摄影：关本龙太。

55 "与猫咪们一起生活的家" 设计师：Uniko 设计，摄影：624PHOTO 村田雄彦。

58 "猫之家_Wa 邸" 设计师：Fauna+ Design，摄影：Fauna+ Design。

59 "西浦公馆" 设计师：jams，摄影：仲条雪。

62 "晓之家" 设计师：Riota 工作室，摄影：新泽一平。

63 "Office F" 设计师：Fauna+ Design，摄影：Fauna+ Design。

65 "猫咪和 Ribingu K 公馆" 设计师：Kanemaki·Kokubo 空间工作室，摄影：金卷 Tomoko。

70、71 "有逃生通道的家" 设计师：NL 设计，摄影：NL 设计。

73 "猫之家_Wa 邸" 设计师：Fauna+ Design，摄影：Fauna+ Design。

74 "DOG COURTYARD HOUSE" 设计师：充总合计划，摄影：桧川泰治。

75 "船桥之家" 设计师：松本直子建筑设计事务所，摄影：小林浩志。

79 "DOG COURTYARD HOUSE" 设计师：充总合计划，摄影：桧川泰治。

82 上 "主人与两只猫咪共同生活的房子" 猫咪环境设计师：Kanemaki·Kokubo 空间工作室，摄影：金卷 Tomoko。

82 下 摄影：大建工业提供。

83 "猫咪和 Ribingu K 公馆" 设计师：Kanemaki·Kokubo 空间工作室，摄影：金卷 Tomoko。

86 右 摄影：东 Ri 提供。
86 中 摄影：大建工业提供。
86 左 摄影：富士川建材工业提供。
89 "猫咪和 Ribingu K 公馆" 设计师：Kanemaki·Kokubo 空间工作室，摄影：熊谷章。
91、92 ①-③ "猫咪和 Ribingu K 公馆" 设计师：Kanemaki·Kokubo 空间工作室，摄影：金卷 Tomoko。
92 ④ "猫咪和 Ribingu OM 公馆" 设计师：Kanemaki·Kokubo 空间工作室，摄影：金卷 Tomoko。
93 "猫咪和 Ribingu TO 公馆" 设计师：Kanemaki·Kokubo 空间工作室，摄影提供：金卷 Tomoko。
95 "猫咪和 Ribingu K 公馆" 设计师：Kanemaki·Kokubo 空间工作室，摄影：金卷 Tomoko。
96、97 "Hekiri 之家" 设计师：Fauna+ Design，摄影：Fauna+ Design。
99 "SKH" 设计师：彦根建筑设计事务所 彦根明，摄影：彦根明。
100、101 "鸠的港口的 Mansion Novation" 设计师：ALTS DESIGN OFFICE，摄影：富士商会 西田雅彦。
103 "猫之家_Mi 邸" 设计师：Fauna+ Design，摄影：Fauna+ Design。
107 "主人和两只猫咪共同生活的房子" 猫咪环境设计师：Kanemaki·Kokubo 空间工作室，摄影：金卷 Tomoko。
108 "狗狗和猫猫生活之家" 设计师：Kanemaki·Kokubo 空间工作室，摄影：金卷 Tomoko
109 "r－世田谷 H" 设计师：Etra 设计。
110、111 "House for Coexistence with Cats" 设计师：Sohei Nakanishi Design，摄影：中里洋平。
113 "Heguri 的家" 设计师：Fauna+ Design，摄影：Fauna+ Design。
115 "猫之家_Mi 邸" 设计师：Fauna+ Design，摄影：Fauna+ Design。
119 "猫猫和狗狗之家_Si 邸" 设计师：Fauna+ Design，摄影：Fauna+ Design。
122、123 "猫之家_Sa 邸" 设计师：Fauna+ Design，摄影：Fauna+ Design。
125 "Sakai-house" 设计师：F.A.D.S / 佐藤由纪纪子＋藤木隆明，摄影上：F.A.D.S，摄影下：Sakai。
134 "OPEN-d" 设计师：Riota 设计，摄影上：新泽一平，摄影下：关本龙太。
135 "猫之家_Na 邸" 设计师：Fauna+ Design，摄影：Fauna+ Design。

主要执笔者・监制

今泉忠明

1944年出生于东京。哺乳类学家,"猫咪博物馆"馆长、动物科学研究所所长。致力于世界猫科动物研究。从东京水产大学毕业后,以特别研究生身份进入日本国立科学博物馆学习哺乳动物生态学,参与日本文部科学省的国际生物计划(IBP)调查、日本列岛综合调查、日本环境省的西伯利亚山猫生态研究调查等项目。参与《猫咪心理学》《猫咪的愿望》(均由夏目出版社出版)、《西伯利亚山猫的百科全书》(Data house)等书的修订及编纂。

参与编写:P20、P24、P30、P37、P42、P49、P50、P64、P72、P76、P84、P112、P127、P129~131、P138~183。

金卷Tomoko

Kanemaki・Kokubo空间工作室

1966年出生于东京。一级建筑师。毕业于多摩美术大学美术学部建筑专业。1998年设立一级建筑师事务所"Kanemaki・Kokubo空间工作室"。致力于以住宅、店铺的内部装修,并作为家庭动物环境学家进行搭配工作。曾编写《理解狗狗、猫猫的居住心情》(彰国社)一书。也协助政府和兽医协会,指导如何在住宅密集地区正确饲养宠物。东京动物爱护促进专员,专攻工学院大学学院建筑学,获得日本建筑装饰学会2013年度学会奖。

参与编写:P10~15、P22、P25、P28、P31、P34~36、P38~40、P43、P44、P46、P48、P53、P56、P61、P65、P66、P68、P69、P73、P74上、P78、P80~83、P85、P86下、P88~95、P104~108、P116~118、P121、P126、P133。

广濑庆二

Fauna+ Design

1969年出生于兵库县。1996年于神户大学研究生院自然科学研究科完成博士前期课程。2000年设立宠物共同生活住宅专业设计事务所Fauna+ Design。2008年获得日本国土交通大臣奖,2009年于中央动物专科学校动物共生研究科任非常任讲师。曾编写《适合与宠物一起生活的设计》(丸善出版社)、《平郡家的猫》(幻冬舍)。一级建筑师,一级爱玩动物饲养管理师。

参与编写:P21、P23、P26、P32上、P33、P45、P47、P51、P57、P58、P60、P63、P73摄影、P96、P97、P102、P103、P113~115、P119、P120、P122、P123、P128、P132、P135。

● 参考文献
《简单易懂的猫咪心理学》(Aspect)
《我家喵星人世界第一可爱 饲养和教育方法》(日本文艺社)
《猫咪的愿望》(夏目社)
《猫咪的心情解剖图鉴》(株式会社无限知识)
《完整猫种大图鉴》(学研+)
《图解 猫咪解剖图册》(Interzoo)
《彩色猫咪解剖图鉴》(学窗社)

● 插图
Nekomaki(Muse work)
上田惣子
纸中一叶
纸中朋里
龟久
长冈伸行
Hiranonsa

堀野千惠子
Yamasaki Minori

执笔者

川上坚次（かわかみ　けんじ）

Etora设计
1975年出生于兵库县，1997年留学意大利，就读于欧洲设计学院罗马分院。1999年毕业于日本大学理工学部建筑系。加入生活产品架构实验室，后于2008年创立Etora设计工作室。
参与编写：P109。

木户扶纪子（きど　ふきこ）

Uniko设计一级建筑师专业工作室
1972年出生于东京，1994年毕业于日本女子大学住宅系。在大成建筑工作期间，就读威尼斯建筑大学。回国后，先后加入冈田哲史建筑设计工作室、KAI都市建设研究工作室，后于2005年创立Uniko设计一级建筑师事务所。
参与编写：P54、P55。

杉浦充（すぎうら　みつる）

JYU ARCHITECT充总合计划一级建筑师事务所
1971年出生于千叶县，1994年毕业于多摩美术大学美术部建筑系。同年就业于Nakano Corporatetion（现Nakano Carporation建筑）。1999年结束多摩美术大学研究生院研究生学业，同年复职。2002年设立JYU ARCHITECT充总合计划一级建筑师事务所。2010年就任京都造型艺术大学非常任讲师。
参与编写：P74下、P79

佐藤由纪子（さとう　ゆきこ）

F.A.D.S
日本女子大学住宅系毕业。2000年与坂仓建筑研究所共同创建F.A.D.S（一级建筑师工作室藤木建筑研究室），2001~2004年明治大学建筑系兼职讲师。2012年至今任日本女子大学住宅学非常任讲师。2016年至今任东京建筑师协会女性委员会副委员长。
参与编写P124、P125。

关本龙太（せきもと　りょうた）

Riota设计
1971年出生于埼玉县，1994年毕业于日本大学理工学部建筑系，至1999年，就职于AD network建筑研究系。2000~2001年，赴芬兰赫尔辛基工业大学（现阿尔托大学）留学。回国后，于2002年设立Riota设计工作室。
参与编写：P16、P17、P19、P27、P32下、P52、P62、P134。

仲条雪（なかじょう　ゆき）

Jams
1970年出生于东京，1994年毕业于日本大学理工学部建筑系。1994~1995年加入Workshop研究会，1995~2002加入У木下道郎研究会，2002年至今主持Jams研究会（与横关也共同主持）。2016年至今任职日本大学理工学部非专职讲师。
参与编写：P59。

中西宗平（なかにし　そうへい）

Sohei Nakanishi Design
1979年出生于东京，2006年毕业于雷文斯大学建筑系。毕业后先后加入Steve Lidbury Design、Freelance Designer，于2009年创建Sohei Nakanishi Design工作室。
参与编写：P29、P110、P111。

丹羽修（にわ　おさむ）

NL Design
1974年出生于千叶县，1997年毕业于芝浦工业大学工学部建筑系。曾就职于建筑公司，2003年创立NL Design。2014年至今担任非营利组织"家庭建设协会"理事。2015年至今担任职业训练学院讲师。
参与编写：P70~71。

彦根明（ひこね　あきら）

彦根建筑设计师工作室
1962年出生于埼玉县，1985年毕业于东京艺术大学建筑系。1987年毕业于同大学研究生院建筑系。1987年就业于矶崎新Atelier，1990年同时创立彦根建筑设计工作室与彦根Atelier工作室。2010年任职建筑家住宅会理事，并于2016年起担任该会理事长至今。
参与编写：P98、P99。

藤木隆明（ふじき　りゅうめい）

F.A.D.S
1982年福井大学工学部建筑学专业毕业，1984年结束东京大学研究生院修士课程。曾加入坂仓建筑研究所，后于1991年设立F.A.D.S（一级建筑师工作室藤木建筑研究室）。1994年结束东京大学研究生院博士课程。2001年至今任工学院大学建筑系助理教授（现建筑学部建筑设计学教授）。
参与编写：P124、P125。

松本直子（まつもと　なおこ）

松本直子建筑设计工作室
1969年出生于东京。1992年毕业于日本女子大学住宅学。曾就职于川口通正建筑研究所，1997年设立松本直子建筑设计事务所。
参与编写：P18、P75。

水本纯央（みずもと　すみおう）

ALTS DESIGN OFFICE
1977年出生于滋贺县，专科毕业后于1998年就职环境设计公司，2012年设立ALTS DESIGN OFFICE，并于2014年将之改组为株式会社ALTS DESIGN OFFICE。主要工作范围以老家滋贺县为中心，也参与日本关东和关西的店铺、医疗、商业设施等的设计工作。
参与编写：P100、P101。

图书在版编目（CIP）数据

给你的猫一个家 / 日本株式会社无限知识著；廖雯雯译. — 北京：北京联合出版公司，2019.9
ISBN 978-7-5596-3388-0

Ⅰ.①给… Ⅱ.①日… ②廖… Ⅲ.①猫—驯养 Ⅳ.①S829.3

中国版本图书馆CIP数据核字（2019）第135193号

NEKO NO TAME NO IE ZUKURI
© X-Knowledge Co., Ltd. 2017
Originally published in Japan in 2017 by X-Knowledge Co., Ltd.
Chinese (in simplified character only) translation rights arranged with
X-Knowledge Co., Ltd. TOKYO,
through BARDON CHINESE MEDIA AGENCY

著作权合同登记 图字：01-2019-3128号

给你的猫一个家

作　　者：〔日〕株式会社无限知识
译　　者：廖雯雯
责任编辑：李　伟
封面设计：所以设计馆
装帧设计：细山田设计事务所（米仓英弘，儿岛彩）

北京联合出版公司出版
（北京市西城区德外大街83号楼9层　100088）
雅迪云印（天津）科技有限公司印刷　新华书店经销
字数150千字　　700毫米×980毫米　1/16　　12印张
2019年9月第1版　　2019年9月第1次印刷
ISBN 978-7-5596-3388-0
定价：48.00元

未经许可，不得以任何方式复制或抄袭本书部分或全部内容
版权所有，侵权必究
本书若有质量问题，请与本公司图书销售中心联系调换。电话：010-82069000